KNOW
YOURSELF

认识你自己

与原生家庭和解

俞林鑫 著

中国法制出版社

CHINA LEGAL PUBLISHING HOUSE

推荐序

在临床心理治疗师的职业生涯中,在经历了与几千个生命的相遇、与几千个心灵的交流后,我常常会有一种深深的感慨:所有的困惑都与自身有关,并在很大程度上与原生家庭有关,心理问题的出现只是因为个体解决困境的能力被暂时性地抑制了。我也常常会想,要是有那么一本通俗易懂的读物,可以帮助人们掌握一些方法去更好地认识自己,也许很多心理问题就不会发展到那么严重的程度,也许会有更多的人可以充分享受生命的美好。因此,当看到这本书时,我就有眼前一亮的感觉,也很愿意为读者推荐此书。

众所周知,生命的成长过程是离不开关系的。从最初的母婴关系,到与父母双方的关系、与同伴的关系,以及成年后的伴侣关系和亲子关系,人的一生仿佛被这些关系紧紧围绕着,所有的喜怒哀乐皆源于此。而一个人与他人关系的核心是与自己的关系,即在成长过程中形成的自体与客体间的情感联系。抛开其他影响因素,能否与自己建立良好关系的前提条件是能不能真正地认识自己。只有认识真实的自己,才有可能挑战或接纳自己，为自己的未来承担责任，与他人和社会建立有意义的联系。在这个过程中，一个人的内在不断得到滋养和发展，那些阻碍成长的症状或痛苦就自然会减轻或消失。

　　本书作者围绕如何认识自己这个主题，结合经典精神分析的驱力理论、依恋关系理论，以及客体关系和自体心理学的理论，针对个体在人际、恋爱、情绪、自尊、人格成长这五个方面的心理主题，就常见的心理困惑，进行了有深度的解读，并结合认知行为和正念等方法提出了相应的建议，相信会给读者带来很多启发和思考。同时，作者开启了一种新的具有冒险性的尝试：对常见的简单描述的心理问题进行"精神分析"。在实际的心理治疗临床工作中，治疗师不会轻易下结论，但作为一本科普性的书，我相信这种尝试是有意义的，有助于普通人更好地了解精神分析的学说，让精神分析帮助有需要的人更好地认识自己。

写这篇序的时候恰好是清明节，在这个特殊的日子里思考这些，更让我深深地体会到人生旅程就是一个不断探索和认识世界的过程，每个人都会在这个过程中不断认识和丰富自己，认识和理解他人。也许，这就是生命的独特意义。

朱婉儿

前　言

精神分析学家克莱因认为，为了保护自己，弱小的婴儿分裂了自体与客体①，将自体中好的部分与坏的部分分裂开，将客体中好的部分与坏的部分分裂开，这种心理操作能暂时保护好的部分，其代价是自体的不完整，以及对外界偏执的态度。类似地，由于原生家庭中存在的或多或少的病理性问题，以及在成长过程中形成的诸多适应不良的心理防御机制，大部分人会有"我不够好"的感觉。整合的愿望潜藏在每个人的内心深处，我们渴望将那些分裂的部分重新整合，让自己变得完整；我们渴望修复潜在的心理缺失和心理创伤，得到心理的成长和完善。

2014年我开始在"知乎"上回答一些网友心理方面的提问，这些网友在人际、恋爱与性、情绪、自尊等方面有着持久的困扰，这些困扰是成长中的自我所面临的问题，只是因为没有相

---

① 自体指的是关于一个人自己的心理表象，这个表象可以是意识的或无意识的存在。客体指的是一个有情感投注的对象，这个对象既可以是人，也可以是宠物或物品等。

关的心理学知识，以及对于心理问题的病耻感，他们只能靠自己来面对和消化。让我惊讶的是，在有些情况下，当了解到问题的原因，能够带给他们极大的安慰与释放。所以，在我的回答下面经常会收到这样的留言："压抑了那么久，终于知道了自己的情况，谢谢你"；"看到这些，感觉世界一下子明亮了很多，以前困惑自己为什么是这个样子，现在我明白原因了"；"自从您回答了我的问题之后，已经半年多了，我再也没有做那些让我痛苦的梦，一次都没有……"网友们积极的反馈让我更加相信文字的治愈性力量，当某种深层的情感通过文字得到共鸣，当某个困扰已久的心结被人看到，当某种无法接受的症状找到原因，我们能够感受到知识性理解所具有的价值。

不过，精神分析流派往往会贬低知识性理解的作用，比如，弗洛伊德曾经在《"野蛮"精神分析》一文中明确地否定知识性理解的作用。他写道："病态的因素不是他对自身的无知，而是他内心的反抗，这才是无知的根源。最初是它们让这种无知存在的，现在它们仍然保持着这种无知，治疗的任务在于与这些抵抗做斗争。告诉病人他因为压抑而存在着一些不知道的事情，这只是治疗的必要准备之一。如果对接受精神分析的病人来说，有关潜意识的知识就像没有精神分析经验的人想象的那样，那么听讲座或读书就足以治愈他。然而，这些措施对神经症状的影响，就像在饥荒时期分发菜单卡对饥饿的影响一样。"虽然我们不能拔高知识性理解的作用，也无法否认内在抵抗的真实存在，以及这种抵抗的强大力量，但知识性的理解能够带来情感上的共鸣，促使更多的探索与反思，这为进一步的自我疗愈打下基础。精神分析需要为那些寻求情感共鸣与知识普及的大众提供支持，而不能关起门来，局限于病理状态的专业性帮助。

在本书中，我将某些在"知乎"上得到较高认同的回答，以及心理咨询临床实践中总结的心理成长文章集结成书，围绕人际关系、亲密关系、情绪情感、自尊、人格成长这五方面的心理主题，去探索某些心理问题背后的形成原因、心理动力学因素和改善的思路。精神分析注重理解过去经历对当前问题的影响，探索父母的人格与孩子的相互作用，觉察未意识化的心理成分所起的重要作用，认识一个人的内在客体关系与外在关系的相互影响，这些内容的知识性理解有助于让人从各种心理抑制与心理冲突中走出来，能在一定程度上填补心理发展中的缺失，增强自我的力量，为成为情感独立、自尊稳定的个体化自我提供智力支持。

仅凭文字性的描述就对某个问题进行精神分析是有风险的，因为问题的背景信息是不充分的，问题背后的原因也是复杂的，单一的解释可能会阻碍真相的浮现，在精神分析学界，也许会被冠上"野蛮分析"的帽子。但作为一本自我成长读物，我期望用这种分析模式给读者提供一个理解自我的视角，促使读者反思自己的问题，为精神分析的知识服务于大众提供可能。我特别想说明的是，这些理解主要是从某个角度，针对某类人群做出的，不一定符合提问者的真实状态，也不一定适合所有人群。由于没有机会聆听提问者的反馈并修正假设，这些回答只具有参考的意义，不能作为唯一的答案。同时，由于笔者水平有限，对某些问题的分析也许会有一些武断或片面的结论，对某些理论的把握还存在一定的距离，请读者一定要注意鉴别并不吝赐教。

本书以精神分析理论为核心，适当整合了认知行为疗法、接纳承诺疗法、正念疗法的理论和方法。在一些回答中，为了具体说明某些概念，我举了一些例子，这些例子有些来源于我的来访者在心理咨询过程中提供的素材，并经过一定的修饰与加工。为了充分尊重来访者的隐私，所有的背景信息都做了相应的处理，以最大限度地保护来访者的个人隐私。

本书适合喜欢探索内心，渴望自我成长，并对精神分析的理论与方法持开放态度的心理学爱好者。我一直认为，学习精神分析有三大好处：一是能更好地认识和接纳自己，不断完成自体整合并发展自我；二是能更好地处理与周围人的关系，提升人际关系的质量；三是能成为一位合格的父亲或母亲，养育出心理健康的孩子。我希望以一种平易近人的方式带动周围人去认识心理咨询的第一力量：精神分析，让精神分析的理论与实践带领人们走向个性自由与解放的新世界。

目录

第一章　人际关系__1
　　内在客体关系的活化与调适__5
　　内在客体关系的力量__8
　　关系中的自主性__13
　　人际交往中的心智化能力__17
　　人际交往时的心理冲突__21
　　为什么宁愿孤单也不愿意联系别人__24
　　两种不良的依赖状态：共生依赖与强制独立__28
　　莫名讨厌别人的两种心理原因__32
　　人际交往中的边界冲突__36

成长建议：良好关系需要的五种心理品质__38

第二章　亲密关系__43

亲密关系中的被动与主动__47

如何面对婚姻中的不满意__50

幸福的婚姻是怎样的__52

亲密关系中一种常见的潜意识沟通方式__55

为什么我害怕女生__59

被拒绝后死缠烂打地追求我__63

被优秀者表白后感到恐惧__68

一谈恋爱就不安__71

对恋爱和性感到羞耻__73

成长建议：维持亲密关系的要点__76

第三章　情绪情感__81

情绪体验与表达方面的问题__85

情绪管理的两种水平__90

忍受焦虑的能力，以及背后的自体整合程度__93

社交恐惧的形成过程及应对思路__98

为什么会有厌世的情绪__101

为什么会害怕情绪__106

为什么别人的不回应让人痛苦__110

为什么难以放下糟糕的往事__116

为什么会有侵入性思维__119

为什么我喜欢沉浸在负面情绪中__122

为什么幽默的人还会抑郁__126

成长建议：培养情绪体验与表达的习惯__129

第四章　自　尊__131

自信和自负的区别__135

到底什么才是"爱自己"__138

我们需要什么样的优越感__141

理想自我的压力及缓解思路__146

你为什么过度在意别人的看法__149

为什么我害怕自己变得普通__155

为什么我总爱和人比较__160

对失败的条件反射式恐惧：谈谈自尊整合问题__164

自卑者的心理透视及解决思路__169

成长建议：走出社会评价的牢笼__179

第五章　人格成长__183

　　欲望管理的几种水平__187

　　什么叫接纳自己__190

　　用人格结构理论来理解"迷失自己"__192

　　病理性超我的形成及影响__196

　　为什么会有成功恐惧__199

　　是什么在阻碍人的改变__202

　　为什么自我关注是令人痛苦的__205

　　对控制感的强烈渴求__209

　　为什么会承担过多的责任__213

　　工作与人的成长__217

　　让生活留白的意义__225

　　逐步完成社会认同__229

　　成长建议：培养有弹性的超我__232

后　记__235

参考文献__243

第一章

人际关系

如果让你回忆一个痛苦的情景，也许你脑中浮现的是一段糟糕的关系——被人孤立的情景、与朋友反目的记忆，或者与伴侣冷战的经历。如果让你回忆一次愉快的体验，你想到的往往也是一段关系——也许是与爱人确定关系的那一刻，或者是和好友结伴旅行的往事，又或者是幼时在外婆身边的日子。人际关系既是我们痛苦的来源，也是我们幸福的港湾。人际关系的质量对一个人的主观幸福感和身心健康都有重要的影响。

很多人受到人际关系的困扰，比如无法融入群体、社交焦虑、时刻担心别人不喜欢自己、难以处理关系中的冲突，这些关系中的痛苦严重阻碍了自我的发展，他们不得不把很多精力消耗在人际关系的处理上。相反地，亲近和谐的人际关系能够带来归属与亲密需要的满足，使人获得安全感，并不断得到自尊支持，良好的人际关系能够充分增加自我的力量，为一个人的奋斗提供保障。

人际关系问题的背后往往反映出自恋、自主性、攻击性、边界感、依恋类型等因素的影响。比如，过于自恋的人往往会忽略别人的情感，喜欢贬低他人抬高自己，无形中让周围的人对他敬而远之。自主性上过于敏感的人会特别在意被控制，担心被人牵着鼻子走，既担心麻烦别人也担心被别人麻烦，导致关系的疏远和对立。回避型依恋的人害怕和人建立亲近的关系，难以在关系中呈现真实的自我，总是会不自觉地创造诸多逃离的空间。有些人对人际边界过度模糊，经常会不自觉地侵犯他人边界，导致关系的敌意。

本章先介绍了人际关系的几个常见主题，如内在客体关系、关系中的自主性、人际交往中的心智化能力、潜意识沟通的方式、良好人际关系所要遵循的原则等。接着分析了一些人际关系问题的原因及改善建议，包括：想让不喜欢的人喜欢自己的心理怪圈、害怕被人关注、莫名讨厌别人、共生依赖与强制独立这两种糟糕的人际关系状态等问题。精神分析学派认为，现有的人际关系，特别是健康的关系，比如一段良好的友谊、稳定持久的爱情，以及和谐的同事关系、心理咨询关系等，都会潜移默化地改变内在的不良关系，逐渐增强一个人处理关系的能力。

内在客体关系的活化与调适

每个人都可能存在触发情绪的扳机点，比如某个情景或某种言行，突然让你体验到一些强烈的情绪，并做出相应的反应（一般是逃避和攻击）。这些强烈的情绪，往往意味着一段内在客体关系的活化。内在客体关系（简称客体关系）是一种带有强烈情感色彩的被内化的人际关系，包括三个组成部分：伤害性的客体、被伤害的自体，以及伴随的强烈情感。这种客体关系往往是在长久的创伤性的外在关系中逐渐内化形成的，对现实的健康关系有着或大或小的干扰。

我们来举个例子。小马在父母离婚后，与妈妈相依为命。妈妈工作辛苦，但心情压抑，经常对他发脾气，指责、打骂、冷战是家常便饭。每次妈妈生气时，小马都会非常紧张。我们可以看到，小马的妈妈把孩子作为情绪发泄的工具，她缺乏爱的能力，非常以自我为中心，在关系中充满着剥削和虐待。她之所以会离婚，或多或少也和这种性格有关。

在这种关系里，小马可能内化了一个自私、冷漠、无情的客体形象，一个受伤的、无助的自体形象，以及关系中潜藏的委屈、愤怒、恐惧和哀伤。这既是真实外在关系的内化，又有一些主观的加工。毕竟，现实中的妈妈有时对他还有些温情。

在小时候，面对这个可怕的客体，无助的小马采取讨好、迁就、忍让的方式与她相处。慢慢长大之后，小马有了新的解决方式：激烈地对抗。在多次冲突之后，妈妈变得老实不少，母子关系有所改善，但小马的内在客体关系，却留在了记忆深处，成了阻碍健康关系的绊脚石。

无论是友情关系，还是恋爱关系，只要小马察觉到对方可能有的自私（关系中的双方，难免会有自私的一面），他就会非常敏感和生气，并做出偏执的解读，认为对方在剥削他、利用他、打压他。然后，他就采取激烈的方式进行回应，比如争吵，或者干脆断绝关系。由于这种性格的影响，虽然小马有幽默、聪明、善良的一面，很受人欢迎，但总是缺乏真正亲近的关系。

我们可以发现，由于内在客体关系的存在，外在的关系被歪曲了。关系中的问题会被放大，别人只是略有私心的表现，就会被理解为剥削和控制；关系中难免存在的争吵或矛盾，就会被当成无法面对的部分，唯有远离才能安心。

关系的问题只有在关系中才能解决，心理咨询提供了减弱内在客体关系影响力的途径。在心理咨询的过程中，识别、体验客体关系在咨访关系中的活化，是很重要的内容。当客体关系活化时，咨询师成了内在客体的代表，来访者成了内在自体的代表，强烈的情感就呈现出来了。

如果小马来接受心理咨询，当咨询师某些自私的言行出现时（咨询师也是普通人，也会有自私的部分），就会唤醒小马内在的客体关系。小马会把咨询师当成一个像妈妈那样的剥削者和虐待者，一方面体验到委屈和伤心，另一方面进行强势的反击。

这样的情景对咨询师是一种考验。面对小马的曲解，咨询师觉得难过、委屈、愤怒和不满（咨询师体验到了幼时小马曾经反复体验的情感），咨询师也不得不采取两种方式：一是讨好或迁就他，二是强势反击。这两种方式，都只是重演了内在客体关系，因此，并没有治疗的价值。咨询师的正确做法是不被强烈的情绪所吞没，而是能够沉下心去讨论关系中出现的情况，做出适当的解释，强调关系中正面的部分，澄清自己的想法。总之，应不卑不亢地面对小马"无理"的责难。

咨询师的稳定开启了小马的消化心理痛苦之旅。在这个过程中，小马一次又一次重新面对幼时的自己，痛苦有了体验、表达、理解的机会，成了被意识化的心理成分。每一次意识化，都会逐渐减弱内在客体关系单元的张力，此时，即使触发点出现，所唤醒的情绪反应也不那么强烈了，理性的力量能够恢复，成熟的应对方式（表达、沟通）逐渐增加。当阻碍健康关系的内在客体关系的力量弱化后，好的关系自然就会出现。小马走出了强迫性重复的恶性循环，开始了新生活。这是真正的疗愈。

大部分幼时遭受糟糕对待的人，往往会经历这样的过程：

幼时的讨好和顺从，到青春期或成年后的反抗和攻击，这两种方式都没有真正走出幼时创伤的影响。他们需要再往前走一步，发展出平等、尊重、体谅、包容的心态，为新的健康的关系付出努力。在关系中既不卑躬屈膝，也不盛气凌人，成为一个有爱心的普通人。

内在客体关系的力量

人的内在客体关系来源于幼时依恋关系的内化，内化后的关系会在很大程度上决定一个人之后的外在关系。根据这个原理，当一个人的内在客体关系主要是一种不被爱的关系，那么，他总能感到别人不爱他。即使出现了一种爱的关系，他也会对其进行否认、质疑或逃避。虽然他意识里渴望被爱的关系，但潜意识里他并不相信这种关系存在。

我们来举个例子。因为家庭的关系，小童从小就没怎么得到过爱，不能说完全没有，但少得可怜，成长过程中难得有几个对他不错的人。我们可以猜测，他是不快乐的。确实，从初中开始，他就一直郁郁寡欢，经常怀疑生命的意义，并产生自杀的想法。成年后他其实有好几次恋爱的机会，虽然他内心很渴望，但没有勇气接受，和异性保持了一定的距离，最终这些人都放弃了他。因此，内心渴望被爱的他始终没有真正找到一个爱他的人。他对被爱的消极预期阻碍了爱的关系的发生。但他的内心始终没有改变，他的抑郁也一直没有缓解。

当一个内在缺乏爱的人突然感受到一种爱的关系，常常会有两种反应：一是强烈的欣喜，二是强烈的不安。之所以欣喜，是因为多年的愿望即将得到满足；之所以不安，是因为这种关系是他所不熟悉的，与他内在的模板是不一致的，他担心这样的关系只是暂时的，并害怕再一次失去它。这样的人对于被爱是这样，对于安全感、被尊重、被喜欢、取得成功等也是这样。

当屡败屡战的范进中举之后，他出现了短暂的心理崩溃。多年的失败经历也许让他潜意识里并不相信自己能够飞黄腾达，因此当这一天真的来临时，他的自我难以接纳这种新经验。在两性选择时，无形中存在着一个匹配性原则：一个人会去寻找那些在外貌、家庭背景、学历、地位等方面与他不相上下的人，而不太敢（虽然内心渴望）去找那些明显比他优秀的人，这也是内在的预期所致——每个人对于自己的个人魅力、关系状况、未来前景等都会有预估，预估的结果取决于他幼时的经验、现实的条件、别人的评价（特别是幼时重要人物的评价）等的影响，这种预估会阻碍一个人的积极改变。所以，当一个自我形象很糟糕的人突然被提升到一个优势的位置时，对他来说可能是一种折磨；当一个人与另一个超过他预期的对象在一起后，他也会经常出现严重的不安，并做出过度的补偿。在不安的作用之下，一个人可能会让自己重新回归到熟悉的旧关系模板中。

在内在客体关系的作用下，符合内在客体关系的外在关系还会被制造出来，一个人会陷入旧关系的强迫性重复①之中。我们来看《边缘型人格障碍》一书中的例子：

安有时明知丈夫有酒瘾，还鼓励丈夫拉里去喝酒。然后明知丈夫拉里在酗酒之后有很强的暴力倾向，她仍然会故意挑起争端，触怒丈夫。在受到一顿暴打之后，安会毫不遮掩身上的伤痕，感觉就像是在战争中挂彩一样，她要用这些不断地提醒拉里的暴力行为，而且在出门的时候也毫不掩饰。

对于安来说，她内在的关系是受虐与施虐的关系，安要利用自己被打来达到惩罚拉里的目的。每当这种事情发生之后，看着安像负伤的烈士一样，拉里就深深地感到自责。这是安内在客体关系的模板，我们可以猜测她从小可能生活在被虐待的环境中，她也习惯用受虐的方式达到报复或控制的

---

① 强迫性重复是指个体不断重复一种创伤性的事件或境遇，包括不断重新制造类似的事件，或者反复把自己置身于一种"类似的创伤极有可能重新发生"的处境里。

目的。在现实生活中，她成功地将丈夫转变为与内在施虐者相符的形象。

安为什么要鼓励有酒瘾的拉里去喝酒？安为什么要在丈夫酗酒之后还故意挑起争端？她为什么不去找一个不喝酒的丈夫？如果咨询师对安提出这些疑问，也许她会很焦虑。因为这些问题会扰动她的心理防御（投射性认同[①]的操作），并让她发现自己在这段不良关系中的潜在获益（受虐的快感、报复的快感、道德上的自恋等）。同时，这些问题也有助于让她领悟到似乎有一种无形的力量推动她这样做——这便是她的内在的关系，那些幼时被她内化的不良关系。因此，这些问题将会启动安的自我探索之旅，让改变出现契机。她可能会发现，改变之后她所获得的将远超过所谓的代价。这种认识将推动她放弃幼稚的心理操作，进入更成熟的心理位置。

改变内在客体关系的途径主要有两种。第一种途径是用理性的力量发现内在不良关系的存在，以及它在个体生活中无处不在的影响，然后便有机会摆脱这种不良关系的束缚。让一个人从潜意识的必然王国进入意识化的自由王国。当出现了不良关系时，咨询师一般会建议来访者试一试新的可能。在咨询过程中咨询师往往会建议："你为什么不去做个实验，看看接受这

[①] 投射性认同指的是一种潜意识的心理操纵现象。在一段关系中（如妻子与丈夫），关系中的A（妻子）不仅通过自身的内在客体关系曲解了B（丈夫），而且B会感受到一种压力，使自己扮演与A无意识幻想中同样的角色。

段关系之后会发生什么？"或者"不妨去试一试，如果你拒绝了权威，会发生什么？"任何一次主动的尝试，都会给自己修正不良内在客体关系的机会。

第二种途径是重新内化一段健康的外在关系。如果有一段边界清晰、尊重、平等、友好的外在关系，这种关系在经历不良内在客体关系的攻击之后始终存在着，那么，内化便会源源不断地发生。内在健康关系与不良关系的比例会有所变化，这种变化将会开启积极的循环，潜移默化地转变人的内在客体关系状态。

当然，改变并不容易，内在客体关系并不会轻易接受被改变的状态，总有一个反复的过程。人虽然追求改变，但也有强烈的惰性，这种惰性是要不断努力克服的。在精神分析治疗中有一种叫作"阻抗"的现象，人会无意识地阻碍新关系、新变化的出现，让自己重新回归到旧关系、旧模式中，咨询师要不断地发现这一点并加以面质。还有一种"修通"的现象，指的是人的改变要经过长久反复的过程，时好时坏，有点像哲学中的螺旋式上升的改变过程。当螺旋重新回归到旧的位置时，人们容易产生绝望感和放弃的心理，而看不到已经取得的进步。此时，需要相信希望的存在，所以，我非常同意一位来访者的话："把心理咨询作为一种信仰！"坚持下去，改变就会发生。

关系中的自主性

生活中有些人很难拒绝别人，拒绝别人时不是直接或委婉地表达，而是想方设法掩饰或撒谎。比如一个男生在"知乎"上提问："我总害怕拒绝别人，拒绝时会不自觉地说谎。我相信不是每个人都愿意说谎的，毕竟谎话说多了被揭穿的风险很大，就算没有被揭穿，在一段时间内也不会觉得很安心。但是为什么很多人还要这么做，仅仅是习惯性说谎吗？"

这种情况往往跟自主性有关，一个有充分自主性的人，能够确认自己的选择与主张，敢于承受拒绝他人的情绪压力，甚至与人有适当的冲突。相反地，一个自主性脆弱的人，往往会顺从地接受那些他们内心抵触的要求，因为他们几乎没有力量去对抗他人。当他们鼓起勇气拒绝别人时，马上会产生内疚、焦虑、自责、羞耻等负面情感，很多选择的情景都会让他们寝食难安。

"自主性对羞愧"是爱利克·埃里克森（Erik H. Erikson）"心理发展八阶段理论"中第二阶段（1.5—3岁）时面临的心理危机。到了这个阶段，儿童开始有独立自主的要求，如想要自己穿衣、吃饭、走路、拿玩具等，想要独自去探索周围的世界。如果孩子在表达自己的意愿时，父母能够尊重地同意或妥协，即使不同意也指出合理的理由，那么孩子的自主性就会得到尊重；相反地，对于孩子自主的表达，如果父母经常采取拒绝、忽视或嘲弄的态度，那么在一次又一次的互动中，孩子经常会丧失自主性，并频繁体验到羞愧与自我怀疑的感觉。

我们来看一个男孩的例子。A和B是他喜欢的两个女孩，不过他更喜欢A，两人有时会互送礼物，感情即将水到渠成，等待窗户纸被捅破的那一刻。有一天，B突然向他表白了，男孩因为更倾向于A，于是便礼貌地拒绝了B。B很伤心，B的伤心让男孩不知所措，并感到内疚和担心。于是男孩心软了，他开始怀疑自己的选择，后来他主动约了B，并莫名其妙地答应了B。但与B的相处并未让男孩安心，他不断地被后悔与想逃的感觉所笼罩。这个男孩无论在恋爱关系里，还是在职业选择中，都出现了类似的纠结模式。在他的成长过程中，他的主张总是被父母粗暴地干涉，从日常的琐事到专业的选择，无一不是如此。我们可以推测，这个男孩的自主性没有被很好地建立起来，选择与拒绝是他无力应对的情况。

没有很好地解决"自主性对羞愧"危机的人，会有两种常见的不良表现。一是过低的自主性，即不敢表达或坚持自己的要求，案例中的男孩就是这样。一个低自主性的人在表达自己的要求时，会唤起幼时重复体验到的羞愧感，这种感觉会阻碍他们表达真实的需要。比如，有些女性从来不会主动表达自己的需求，即使别人感受到她们的某种需求并试图满足它，她们也照样会否认，经常要经过多次半推半就才敢承认。没有这样的过程，直接去表达需求，会令她们感到羞愧不安。她们习惯于以迂回的方式去满足压抑的需求——全心全意为别人（一般是伴侣或孩子）服务，但迷失了自己。

二是对自主性过度敏感，把别人正当的要求都当成对自主性的打压。当一个人向别人表达了某种需求并得到了满足，他既会有一种感激，也会有一种欠了对方的感受，这些感受会驱使他下一次设法报答或偿还对方。自主性过度敏感的人很不愿意欠别人（美其名曰"怕麻烦别人"），因为这会令他们有一种被对方牵着鼻子走的感觉，担心在关系里会处于弱势的地位。他们是属于时刻为自主性而战的人，要么经常与人有公开的冲突，要么偷偷地战斗——不合作或伪合作，消极怠工，离开对方，向人抱怨。

自主性过度敏感的人，在工作或团队的场合往往压力很大，他们经常会有一种自主性受到威胁的恐惧。他们不喜欢被命令，抵触规则和要求，以各种方式逃避和对抗。他们往往存在权威恐惧，与权威保持若即若离的关系，既渴望权威的肯定，又喜欢挑战权威，不那么合作或只是表面上合作。为了寻求补偿，他们可能会去寻找完全听命于他们的伴侣、朋友或下属。在上班时间，他们压力很大，下班后回到自己的住处，则会有一种完全的自主感和轻松感。这些人也许会选择自由职业，或者渴望从事自由职业，那种完全自主的感觉让他们感到安全。

有些自主性存在明显冲突的人会出现强迫症状，生怕任何拒绝或攻击信息的泄露，采取仪式性的行为去抵消那些攻击性的意图。比如反复地整理、计数，过度爱清洁，以反向形成①的方式去防御内在强烈的伤害性愿望。在弗洛伊德的心理性欲发展阶段理论中，自主性阶段也属于肛门期阶段，这个阶段父母过度苛刻的教养方式，容易形成肛门期的性格，比如过度节俭、刻板、洁癖、吝啬等，或与之相反的过度挥霍、脏乱等。

无论是自主性过低，还是自主性过度敏感，都不利于与他人健康关系的形成，甚至会干扰个人的职业发展。那么，怎么完善自主性呢？以下是一些参考的思路：

首先，要有权利意识，这一点对于低自主性的人非常重要。表达需求不仅仅是麻烦别人（消极面），也是给别人的一次机会（积极面，所谓的礼尚往来），往往是一次深化关系的机会，也能让别人看到你的存在。同时，一个人有权利反抗那些不合理的要求，合理地拒绝对方，不断地体验到这种自我的确定感。

其次，改变不合理的认知和回避性的行为。一个缺乏自主性的人，对于拒绝总会有消极的预期（比如强烈担心他人的不满），或者总会过度地为他人着想，容易受到他人消极情绪的影响（比如那个违心顺从的男孩）。所以改变的关键是去修正这种预期，把天平摆在自身这边，去认同而不是怀疑自己的选择。

---

① 反向形成：一种心理防御机制，通过夸大一种情感来压抑相反的情感。比如，以过度的热情来防御没有意识到的愤怒。

一段良好的关系是修正不良预期的途径，特别是每次拒绝或自主的行为能够得到对方尊重的回应时。也可以把每次拒绝他人并有积极体验的情景记录下来，逐渐强化对拒绝的积极感受。在想法层面，去更多地关注拒绝的积极方面，比如"拒绝是有力量的表现""拒绝并不自私，而是一种正当的权利"，不断确立合理拒绝的自我主张。

最后，自主性敏感的人应能允许别人来要求自己，努力发展合作的行为。"你只有成为别人的手段，才能达到自己的目的"，被人要求并不意味着被人控制，我们需要遵循规则来相互合作，这往往是共赢。"没有规矩，不成方圆"，并不是所有的规矩都需要挑战，权威既有控制的一面，也有合作的一面，更多地察觉到合作，而不是紧盯着控制。

人际交往中的心智化能力

很多人交不到朋友，处于一个群体环境却与周围的人没有交集，这是特别痛苦的体验。一个高中生写道："我总是自己一个人，开始还强求和其他单独的人一起，后来发现真的合不来。为了让别人喜欢我，有一段时间我习惯性地保持微笑，却被一个同学说'你每天笑嘻嘻像个智障'。我真的很痛苦，不知道为什么会这样?"人际关系出现问题的原因是多方面的,对他人缺乏尊重、理解和共情能力是常见的原因。

一个能平等待人而不太有剥削性的人,别人一般都愿意靠近他,但有些人强烈的自恋需要构成了尊重他人的障碍,此时,他人成了满足自恋的工具,而不是需要平等对待的人。这些人只渴望被爱,而缺少爱人的能力,他们很少会有尊重他人的态度,即使有也显得很虚假或肤浅,所以往往缺少长久而深入的关系。

我们来看一个例子。快要开会了,一个女职员匆匆走进会议室,她看到有一个空位子便准备坐下来。此时,旁边的一位男领导当着众人的面,用手指了指她(很不尊重人的身体语言),直截了当地说:"你不要坐这里。"确实,这个位子是留给另一位领导坐的,女职员当时并不知情,但男领导无意间流露出来的居高临下的态度无情地伤害了她。女职员碍于面子没有发作,她找了另一个位子坐了下来,心里却很难受。

这位自以为是的领导以类似的方式得罪过很多人,但这种个性让他付出了代价。他自以为能力很强、想法很多,但一直困惑为什么周围的人跟他不亲近,也得不到进一步的提拔。他不知道的是,由于过于自恋而缺少尊重人的态度,他经常伤害别人的自尊,周围的人当然会避着他。

没有朋友的另一个原因是缺少与他人情感方面的理解、互动、交流、表达的能力,通俗地说就是情商较低。人与人的交流如果失去了情感的共鸣,会不可避免地令人生厌。一场讲座、一次聊天、一次会议，如果只是一些认知性的内容，而没有情感的互动与共鸣，会觉得特别沉闷和无聊。有些人习惯性地忽视情感，当发现别人出现强烈的情感时，他们会慌乱得不知如何应对，或者感到很愤怒。如果你曾与忽视情感的人在一起交流，难免会体验到一种"鸡同鸭讲"的尴尬和无奈。

我们假设还是上述那个女职员，回家后和丈夫聊起在公司被强势对待的事情，一边说一边越来越感到生气。低情商的丈夫很奇怪妻子为什么会那么激动，面对妻子的愤怒他不知道该说些什么，手足无措地想支开话题，于是他无关痛痒地说："领导不是故意针对你的，你不要想多了。"丈夫的话阻碍了妻子情感的表达，妻子想要倾诉出来的愤怒又被生生地咽了下去。妻子听到丈夫如此回应，感到特别沮丧，她想起了前两天聊过天的网友，她觉得从对方身上才能得到真正的理解，不免对自己的婚姻感到失望。

这位丈夫缺少情感共鸣与觉察的能力，事实上他完全不能放下自己，去进入妻子的情感世界，倾听她，理解她，认同她。如果这位丈夫是一个高情商的人，则能够体谅妻子，允许她自由表达，并肯定妻子的愤怒，甚至与她一起控诉那位不尊重人的领导。此时，妻子便能感到被认同与理解，积压在内心的负面情感慢慢地释放，这种积极的关系能强化两人之间的情感联结。

还有些人不会表达情感。有些结了婚的女性说无论是结婚前还是结婚后，她们从未收到丈夫送的鲜花，虽然她们心底里期盼了无数次。这些丈夫存在的问题是情感表达的阻碍，也许他们能够理解对方的情感，但羞于表达情感，比如表达关心、体贴、温暖，或者表达脆弱、伤心、悲伤、同情等，因为他们觉得那样会让自己"不够男人"。情感表达的阻碍会让关系产生矛盾和误会（比如担心对方不爱自己），也不利于自身的心理健康。能够真诚且适度地表达情感，能明显地提升幸福感。相信有些人收到鲜花时会有强烈的幸福感，因为鲜花寄托了浓浓的情感。

在人与人之间交往、熟悉的过程中，难免会有一些小矛盾，以及相伴的负面感受。如果习惯性地不表达这些负面感受，就会形成彼此之间的隔阂，感情就难以深入。而如果有机会将这些负面感受表达出来，那么就开始了"情感交流"，这种交流有助于消化负面感受，为关系的深入创造条件。

所有良好而深入的关系，都是以充分而适当的情感交流为基础的，判断一段友谊、一段恋爱、一段咨询关系质量的高低，情感交流的通畅性是重要的指标。正所谓"不打不相识"，每一次"打"都是一次心灵的碰撞，关系也会在交流中走向深入。在心理咨询中，成熟的心理咨询师会鼓励来访者表达咨访关系中的负面感受，每一次表达都为关系的深入创造了条件。如果一味地回避矛盾，回避表达负面感受，那么关系永远只能停留在表面的层次，彼此之间的获益是有限的。

对他人与自己的情感理解、表达、交流的能力，对他人或自己的认识、反省、觉察的能力，学术名叫"心智化"。心智化水平的高低与先天及后天的因素有关。那些心智化水平低的父母，只是照顾孩子的生理需要却忽略了心理需要，难免会让孩子的心智化发展受到阻碍。心智化能力有严重缺陷的人可能会患自闭症、阿斯伯格症、述情障碍等疾病。

心智化能力是在不断交流、反思、探索的过程中获得的，这是一种可以通过锻炼来提升的能力。学习心理学、发展亲密关系、培养社会阅历等都是提升心智化的途径，这种能力的提升会带来关系的改善与内在的和谐。很多人心智化能力低是因为他们长期忽视这方面的问题，或者以为只有那样才"够男人"，或者不想让自己"太女人"，一旦他们意识到这是一个问题并开始改变，就能逐渐提升心智化能力。

人际交往时的心理冲突

一位网友留言："忘了从什么时候开始，我在和别人说话的时候，眼神总是不知道要往哪里放，总感觉看别人也不是，不看别人也不是。我心里也会认为自己在讲鬼话，感觉自己在演戏，因此让别人产生了不可信任感。请问我该怎么办？"

这种情况其实与心理冲突未解决有关。心理冲突指的是个体在有目的的行为活动中，存在两个或两个以上相反或相互排斥的动机时所产生的一种矛盾心理状态，这些动机既可以是有意识的，也可以是无意识的。当冲突没有解决时，人容易出现一些负面情绪和反应。

先举一个有意识心理冲突的例子。一个8岁的孩子趁妈妈不在时从柜子里偷拿了10块钱，并用它买了自己喜欢吃的东西。当妈妈回家时，这个孩子处于忐忑不安的状态，生怕妈妈发现他的偷窃行为并惩罚他。我们再来假设另一种情况：一个12岁的孩子也偷了妈妈10块钱买东西吃，但当妈妈回家时他不像前一个孩子那样紧张，因为他想好了一旦妈妈发现他要怎样应对，比如他会说为了买某件学习用品。

前一个孩子之所以很紧张，是因为他担心妈妈会发现他的不道德的行为，同时他不知道被发现时该怎样应对，于是当妈妈回家时，他会陷入一种没有解决的心理冲突之中。后一个孩子虽然也担心妈妈发现他的不道德的行为，但他知道应对的措施，也就是说，他的心理冲突得到了解决，因此他不怎么紧张。

我们再来看一个无意识心理冲突的例子。一个20多岁的男子有一次去表哥家做客，突然对他两三岁的侄子产生了一种害怕和烦躁的情绪。他对此非常困惑，因为之前他一直挺喜欢侄子的。深入分析发现，表哥一家幸福美满的氛围唤起了他幼时成长过程中家庭冷漠的痛苦，因此他无意识地对侄子产生了一种嫉羡的冲动，这是一种想要摧毁令人羡慕的对象的冲动。当这种冲动即将浮现出来时，他感到强烈的烦躁和恐惧。

导致人际交往紧张未解决的心理冲突是多样的。比较常见的是与自我价值感有关的冲突，即对自身是否被人喜欢与欣赏的不确定感，既想让对方喜欢自己，又没有底气，在与长辈或上级交往时的紧张往往和这种心理冲突有关。另一种常见的心理冲突与性愿望有关，比如那些青春期的社交焦虑者，既喜欢异性，又害怕表露出这种喜欢而被耻笑或拒绝，于是和异性交往时如临大敌。还有一种是紧张反应与压抑紧张之间的心理冲突，个体难以坦然接受自己的紧张，把紧张当成低自我价值的表现，努力想压制紧张，反而陷入没有解决的冲突之中。

如果从弗洛伊德的人格结构理论来讲，人际交往紧张的内心冲突往往和超我与本我、超我与自我、自我与本我之间的冲突有关。比如，超我的道德要求与本我的性欲望、表现欲之间的冲突，超我的理想形象与现实自我的卑微状态之间的张力，以及本我的攻击冲动与现实要求之间的冲突。

心理冲突是常见的，重要的不是不要有心理冲突，而是更好地探索自己（对于潜意识的冲突），以及掌握建设性解决冲突的方法。通过自我分析或者心理咨询的过程来更好地认识自己，对于解决潜意识的冲突很有帮助。在日常生活中，我们要培养主动解决问题的习惯，让心理冲突推动自我的成长和发展。

为什么宁愿孤单也不愿意联系别人

对于那些害怕人际关系、对人际交往感到疲惫的人来说，从外界世界的纷扰中脱离出来进入孤独的状态是必需的。偶尔的孤独既是一种自我修复，可以缓解人际交往带来的压力与无助感；也是一种逃离，从现实生活中逃出来，与记忆中的自己或是想象中的偶像人物产生一种情感联系。

那些在工作、友谊、恋爱中难以体验到与他人情感联结的人，很容易对人际关系产生糟糕的感觉。他们难以体验到人际交往中常有的乐趣、亲密和放松，更多的是被拒绝、被评价、被疏远的感受。也许是为了保护自己，他们还会贬低人际关系的价值。他们有时宁愿孤独，也不愿与人有情感的联结。

一种有情感联结的关系是什么样的？相信体验过美好感觉的人都会在脑中浮现出类似的画面：在温暖的夜晚，几个人围坐在一起，有说有笑，彼此都能感受到温馨与喜悦。没有竞争，没有评价，有的只是分享与倾听。缺乏情感的关系是什么样的？是完全不一样的画面：在阴冷的晚上，一个人独自坐在房间里发呆、难过，另一个房间里是自己的父母，但一切都显得那么寂静，没有交流，没有体贴，有的只是疏远与陌生，甚至是无处逃遁的监视感。

与周围人的情感联结对于人的心情状态会有很大的影响。我们来举个例子。小童与同事们由于误会而产生了矛盾，他发现自己被孤立了，一天工作下来，他感到特别疲劳与焦躁。当想到第二天还要上班时，他有一种强烈的排斥感。几天后，误会解除了，小童与同事们的关系又恢复到良好的状态，此时，工作虽然也让他感到辛苦，但更多的是快乐。当想到第二天要上班时，虽然也有压力，但那些美好的回忆让他有些期盼。

小童的经历只是暂时的，当误会消除后，情感联结又建立了起来。但有些人就没那么幸运了，他们一直无法和别人建立情感的联结。有情感的关系是幸福感的养料，缺少了它，生活就可能索然无味。缺少情感联结的个体会一直生活在这种乏味的感觉里，充满了抑郁、焦虑、空虚与孤独的感觉。

是什么导致他们难以与人形成有情感的联结呢？一般来说，每个个体都要与别人形成情感联结。如果联结的另一方是让人安全、快乐的人，那么这种联结会很紧密，并伴随着美好的情感。久而久之，这种外在的关系就会被内化，成为调节情感的内在结构。这个充满安全感与自信心的孩子既能保持与照料者的联结，又能与其他人建立良好的关系。在关系里他们显得轻松自在，敢于表达需要，建立新的关系。

相反地，如果联结的另一方是让人害怕的或者缺乏情感的人，他可能会有两种选择。一种是松开这种联结，撤出情感的需要。那些未得到满足的情感需要，也许会被转移给一个幻想的人物，因为这种想象中的关系，能或多或少地填补内在的孤独感。他们和对方继续保持着一定的联结，但内在的怨恨阻碍了联结的深入。另一种是继续保持过度紧密的联结，紧密到无法从这种关系中脱身以接受一段新的关系。在这种关系里，表面紧密的背后仍然有大量的怨恨。我们知道，一段充满着恨的关系，往往也是非常紧密的，紧密到彼此伤害而无法分开。

由于亲子关系的不良影响，他们和周围人的关系，要么是松散、疏远的，要么是依赖、怨恨的，很难发展出平等、尊重、轻松、相互关心的关系。一方面，他们不自觉地回避好的关系；另一方面，即使出现了好的关系，也要经历信任感（对方是否可靠）和价值感（这段关系值得吗）的测试。而且，他们往往会形成对关系过于苛刻的标准，经常会陷入忠诚与背叛、信任与怀疑、有用与无用的心理冲突，因此，大多数关系是脆弱的，容易戛然而止。发展到后来，他们对于好的关系的渴望也淡了，放弃了建立关系的渴望。

一个特别渴望被爱的女孩，每当有男生示爱时，她在感到高兴的同时，又会产生强烈的怀疑和不安，她不相信自己会被别人喜欢，所以她会贬低这段关系的价值，会以种种道德的、现实的、想象的理由来回避这种关系的深入。由于长久得不到欲望的满足，内在的欲望变得越来越具有强迫性，为了防御这些欲望，她不得不发展出极高的道德感。于是，她的内在状态就像一只关在铁笼里的猛兽，本我与超我之间的张力很大。

内在客体关系上的严重问题，导致他们在表达自己的需要时出现困难，这也是阻碍建立良好关系的绊脚石。毕竟，每一次需要的表达和满足，都能增强关系中的联结。由于幼时的创伤性影响，表达需要的情景会唤起他们强烈的受挫体验。当现实要求他们表达自己的需要时，他们会非常焦虑、羞耻、害怕、自卑。即使他们意识里很想去表达，但真的到了需要表达的时刻，总会借各种理由逃离。或者，他们会以非常含蓄或压抑的方式来表达，以至于对方根本感觉不到。

为了防御对关系的需要，他们还可能发展出一种虚假的坚强感。

一个男孩轻易地放弃了一个对他很好的女朋友，只是因为一次不大不小的争吵。女朋友尽力挽留，但男孩去意已决。在分手后的半年里，男孩状态很好，效率很高，工作上取得了不小的成就，他觉得离开那段关系照样可以活得很好。半年后，当听到前女友有了新男友的消息，他一下子就崩溃了。之后，他花了三四年的时间，才逐渐走出这段关系。我们可以发现，他表面坚强，但其实内心脆弱。

这类人还会不定期地出现情绪崩溃的状况，情绪崩溃有一些诱因，但他们不太能够认识到。他们的体验是，自己不知道为什么进入了一种很低沉的状态，绝望、空虚、压抑，工作或学习效率很低。每当这个时候，他们会想找个空间自己待一会儿。如果工作或学习压力不是那么大，他们还可以暂时找时间休整自己。但如果工作或学习压力很大，那么他们的痛苦会很强烈，又不得不强撑着去应对那些压力。

总体来说，由于幼时糟糕的亲子关系，他们缺乏建立良好关系的能力，他们的情绪状态、人格状态、需求表达、信任感等方面都受到消极的影响。那么这种状态该如何改变呢？

他们需要从各种关于人际关系的不合理信念中解脱出来，去认识这些不合理信念形成的原因和错误之处，逐渐增加合理的信念，恢复人际关系应有的信任感（觉得周围的人是可靠的）与价值感（觉得关系是有意义的）。他们还需要认识到内在对于亲密关系的恐惧，学会带着恐惧发展应有的关系，最终掌控恐惧，逐渐恢复自然的人际交往能力。他们还需要察觉各种阻碍好的关系发生的想法和行为，认识到背后的原因，并习得积极的想法和行为。这些工作最好和心理咨询师协同完成。心理咨询工作带来的内在状态的休整，再加上生活中良好关系的出现（两者是相辅相成的），改变就有可能真正发生。

两种不良的依赖状态：共生依赖与强制独立

每个人都曾经是脆弱而依赖的，在婴儿期尤其如此，所以婴儿需要一个亲密的对象。如果这个被依赖的人享受着照顾的快乐，能够积极回应婴儿的需求，那便有助于形成婴儿的安全感。但不是每个婴儿都那么幸运，假设那个被依赖的抚养者是情绪抑郁的，经常对孩子又打又骂，对婴儿的需要不理不睬，或者更严重些，在婴儿不知情的情况下突然把他送走，频繁地更换成长环境等，如果这些情况反复发生，对于这个不幸的婴儿来说，他人是不可信的，世界是不可控的。

这种不安全的依赖关系一般有两种表现。一种是几乎不惜一切代价地努力与他人建立非常亲密和安全的关系，形成共生依赖的状态。另一种是与他人保持独立和明显的距离（我把这种情况称为"强制独立者"），这些人的生命由为了自主和独立所进行的持续斗争所决定，他们必须压抑自己依赖、亲近和依恋别人的需要，因为依赖会唤起他们内心的无力感和恐惧感。

对于一个寻求共生依赖的人来说，每到一个陌生的地方，他们就特别想要找到可以依靠的对象。如果有幸找到这个人，他们并不能平等地处理好关系，一般会有两种表现。一种是在关系中处处妥协，时时讨好，无法维护自己的利益，不敢坚持自己的主张。另一种是不允许在关系中存在任何瑕疵，比如伴侣生气、沉默、不接电话或者回复慢，所有这些在关系中难免会出现的情况，他们都不能面对与消化。

我们能够想象在共生依赖关系中存在的严重的或潜在的冲突。如果一个女生因为伴侣没有说出"我爱你"三个字而纠缠不休，时间长了对方一定会很厌烦。如果一个男生总是在关系中谨小慎微，处处讨好女朋友而不敢坚持自己的权益，那么对方便会不断地突破他的边界，直至让他忍无可忍。所以，共生依赖的关系往往是不稳定的关系，随时都有爆发激烈矛盾和分手的危险。这种具有吞噬性特点的依赖关系难免会把依赖的对方转变为抛弃者，重复共生依赖者悲惨的故事。

对于一个强制寻求独立的人来说，依赖就等于被控制，意味着暴露自己的弱小，并唤醒幼时痛苦的记忆。他们对于依赖是很警惕的，一旦感觉强烈地需要对方，他们要么会充满愤怒地把对方推开，要么会用一些方法远离那个可能控制他们的人。在心理咨询中，当他们感受到自己可能会依赖咨询师时，便会巧妙地把关系拉回理性探讨的层面，或者把咨询的次数减少，或者干脆结束咨询。

在现实生活中，一个强制独立者即使形成了亲密关系，也会把关系定义为控制与被控制的关系，让自己处于主导的位置。一个女人，幼时的她在不知情的情况下突然被父母送给了别人，这对她构成了创伤的记忆，一直是她无法忘怀的痛苦往事，每一次提及都会激发她的暴怒。在这样的成长环境下，她形成了独立的性格。她勤奋努力，从小到大都是班长，成年后也取得了不错的成就，成了一家公司的高管——只有在这种掌控的位置，她才能感到安心。在家庭关系里，每当丈夫以严厉的态度教育儿子，她便非常生气，跳出来站在儿子这边，和丈夫大吵一架，直到丈夫服软为止。她把儿子想象得太弱小，把丈夫想象得太控制，不过，她没有意识到的是，在她保护儿子反抗丈夫时，自己已不知不觉地成了一个具有强烈掌控性的人。

强制性寻求独立的人，会羞于表达自身的愿望，在他们的潜意识里，幻想着永不求人，幼时因为需要受挫而无助的状态让他们害怕。一个人表达自己的愿望、想法、情绪，是真实内心的呈现，也是寻求与他人联结的表现，这是强制独立者最害怕的情形。所以，他们一般不会表达真实的、脆弱的内心，而会想方设法把它们隐藏起来。别人让他愤怒了，他可能只是轻描淡写地说一声。也许他会表现得外向、幽默、轻松，而内在的脆弱绝不会轻易地呈现。

由于幼时依赖需要满足的创伤，两种不良依赖者内心深处埋藏着强迫性和即刻满足性的依赖需要。从表面上看，共生依赖者有强烈的依赖需要，而强制独立者似乎什么人都不需要。但从深层来说，他们的依赖需要同样强烈，只是表现的形式不同。那些未被满足的依赖需要，会以两种常见的方式被处理。一种是把自身的依赖投射到弱小者身上，比如孩子、老人、下属、弱势群体者，然后对他们关爱有加，前面那个保护孩子的女人便使用了这种方式。另一种是把自身的依赖寄托在一些物品上，比如食物、酒精、游戏、烟草等，严重的话会形成叫作"物质依赖"的心理障碍。前面那个掌控的女人，会不定期地出现暴饮暴食的状况，这是她依赖需要缺乏掌控时的表达。

所以，当我们发现一个特别迷恋某种物品或者活动的人，而且这种活动对人有害也无法戒除时（比如贪食症、游戏成瘾、酗酒等），我们可以推测，他早年的成长环境不太好，内心的依赖需要很强烈，而且在现实生活中无法得到正常的满足。那么，如何鼓励他寻找到健康的满足依赖需要的途径，便成为心理成长的目标。

共生依赖与强制独立者的存在让我们认识到0—3岁时期安全依恋关系的重要性，如果在这个时期能够得到安全可靠的抚养，那么在这个幸运的婴儿心中，他人是可信的，世界是可控的。除此之外，父母还应适当推动孩子去接触外界并经受锻炼，只有这样，内心弱小的部分在安全的条件下才会发展为成熟的心理品质。成熟独立的人仍然有依赖的需要，但这种需要不是强迫性的，而是有弹性的，可以延迟满足的。在一个人的成长过程中，一定要有足够多的亲密依赖的空间和时间。

莫名讨厌别人的两种心理原因

一位网友发现自己会讨厌一些没有交集的人，当出现这种情感时，他会责怪自己太狭隘，不够包容。他想知道自己为什么会这样。这种现象其实并不少见，我们有时会莫名讨厌一些人，特别是那些比自己差的人。这种讨厌背后往往是内在客体关系的活化，一是与过去某个人的关系，二是与自我的关系。

先来说第一种原因，我们可能会把针对过去某个人的情感放在现在的另一个人身上,这是一种关系中的移情现象。移情是指将针对过去某人的情感或关系移置到现在的另一个人身上时的体验或表现,这种情感或关系可以是正性的或负性的。作为人类社会中的一员,人与人之间的移情无处不在。一个内化了大量积极经验的人,对人总有信任的情感,这种信任来自幼时积极经验的移置[①],这种正性移情把他与别人联结了起来。相反地,一个内化了大量消极经验的人,对人总有敌意和怀疑,他会不断寻找支持的证据,这种负性移情却使别人远离他,从而进一步证明了他的负性假设。

小田和她的丈夫在争吵了几年后离婚了,她带着儿子一起生活。已经有无数次,仅仅因为儿子犯了一些小小的错误,小田就忍不住对他大发脾气。每次发火之后她又特别后悔,她很爱自己的儿子,但不明白为什么有时特别讨厌他。分析后发现,小田的这种讨厌和儿子关系不大,而是和小田的前夫有关。前夫曾经深深地伤害了她,这让小田难以释怀,儿子身上难免有前夫的影子,这种影子不免勾起小田多年累积的怨恨。因此,小田真正想发火的对象其实不是儿子,而是她的前夫。

从这个例子中我们可以看出,当你对一个无关的人感到讨厌时,你讨厌的可能是曾经伤害过你的另一个人,这是一种愤

---

① 移置,又叫置换,是指改变情感指向的对象,从真正的对象转到一个更为安全的对象上。比如生气时砸东西,就是将指向别人的摧毁冲动置换到了物体上。

怒移置的心理机制。很多单亲家庭长大的孩子抱怨母亲（或父亲）经常冲他发火，背后可能是将未消化的对前夫（或前妻）的怨恨移置在孩子身上的结果。

讨厌一个无关的人还有另一个重要的原因：对自己不满。如果深入观察，你会经常听到自我嫌恶的话语："要是我再外向些就好了""我性格太不好了""我太自私"，再严重一点就是"我有罪，我应该坐牢"，即所谓的自罪妄想。

"2018年是拼搏的一年，2019年要继续拼，爱拼才会赢。"看到电子屏幕上反复播放这句话时，我不免想："为什么要拼？"仔细思考后发现，在社会竞争中，一个人很难不拼。你如果不拼，别人就跑到你前面去了，你不得不接受自己不如人的事实（这会带来一种糟糕的自我感觉），这个时候你对自己还满意吗？为了保护自己，个体发明了一种心理机制：把自己糟糕的部分投射在别人身上，并加以攻击。通过这样的操作，人们丢弃了自身糟糕的部分，保持了自己是足够好的感觉，这种心理机制的学术名叫作投射性指责。比如，有些完美主义者最习惯做的事情便是批评别人（或社会），指责别人没素质、太胆小、没担当，等等。当他们责备别人时，暂时丢弃了自己糟糕的部分，并保持了想象中的完美。

一个女子特别排斥她的孩子，认为儿子长得不好看，皮肤较黑，也不够聪明，她经常会对孩子显露出嫌弃的表情。追溯她的成长经历，在每个阶段她几乎都有讨厌和排斥的人，同学、亲戚、朋友、同事、男朋友等。深入讨论后发现，通过远离或者攻击这些令她讨厌的人,她丢弃了自身糟糕的部分,维系了自我的完美感觉。

我们可以推测,当一个人对自我越来越接纳时,他讨厌的人会越来越少。一个心理健康的人很少会讨厌人,因为他们拥有更多现实的知觉,而不会加上太多主观的色彩。同样地,一个人也可能崇拜某个具有理想心理品质的人(比如自信、洒脱等),这是理想自我投射的结果。理想自我越是处于原始状态的人越容易崇拜和理想化他人。他们一直渴望拥有这个理想化客体[①]以支持脆弱的自尊。这一点往往会被一些骗子利用。骗子会利用一些手段让一个追求理想化客体的人对他们崇拜,然后达到不可告人的目的。

正因为莫名讨厌可能和内在客体关系有关,所以当你讨厌一个人时,恰恰是认识自己的一次机会。不妨扪心自问:会不会是我将对过去某个人的愤怒移置到了对方身上?会不会是我将对自己的不满意部分投射到了对方身上?会不会是对方的成功激起了我对自己的不满意?这样的反省有助于认识到自身的责任,并改善和对方的关系。当然,解决问题的核心是接纳自己,接纳了自己也意味着接纳了别人,讨厌别人的情绪会逐渐减少。自我接纳不只是一句口号,而是一个自我觉察的过程,

---

① 理想化客体指的是一个拥有所有好的特质的对象,这些特质包括勇敢、美丽、智慧、源源不断的爱等。在儿童心目中,父母往往拥有理想化的特质;在宗教信仰者中,所崇拜的神也拥有理想化的特质。

来认识自身的阴暗面。每一次负面情绪的产生（讨厌、嫉妒、愤怒等），都是一次认识自身阴暗面的机会，通过反思去了解自己哪些部分被扰动了，慢慢地让它们重见阳光。

人际交往中的边界冲突

一位网友有一次去外地出差，遇到了一个年长的接待者，对方一上来就问他多大了，有没有结婚，当时他觉得很尴尬，碍于面子不得不说了实话。这件事情之后，他每次想起都很生气，觉得被对方欺负了。

在人与人的关系里，无形中会设立某种界限，这种界限会随着亲密程度的不同而摆荡。人们会允许一些人走得很近（例如爱人、知心朋友），但对大部分人，人们会设立严格的界限以防止伤害。当别人未经允许靠得太近时，会唤起你的愤怒、排斥、害怕等反应。比如，一个陌生人突然很热情地拍了拍你的肩膀并和你搭讪，你一定会觉得很恼怒。在人际关系中，关系越界的行为经常发生，这也是人需要不断处理与面对的情形。

在人的成长过程中，随着独立与自主意识的增强，孩子与父母之间的界限意识会越来越明显。比如，10岁以上的孩子一般不会在晚上睡觉时随便进入父母的房间。另外，他们有时会把自己的房门关起来，把日记本放在抽屉里，把某些玩具藏起来不让人知道，试图建立自己独立的空间。

如果父母能尊重孩子的边界需要，孩子就会有安全与轻松的感觉，能够独享这个空间。但可惜的是，很多父母因为各种原因做不到，比如随便进出孩子的房间、偷看孩子的日记、不断地向老师打听情况，有些父母甚至在孩子读中学时仍然与孩子睡在一起。父母反复侵犯孩子的边界，是对孩子自我边界的冒犯，会导致孩子形成两种常见的情况：要么边界感特别强烈，以致无法容忍别人轻微的越界；要么边界感过于模糊，既会不断被别人侵犯边界，自己也会时不时地侵犯别人的边界。

先说第一种。这些人在独立成人之后，会采取矫枉过正的方式，对于别人越界的行为特别敏感与抵触。比如，对略带隐私性的询问："你老公在哪工作？""你刚才去哪里了？""这个包值多少钱？"之类的问题特别讨厌。但这类越界问题也是拉近彼此距离的试探性方式，因为人与人的交往会随着边界的不断突破而变得越来越亲近。在人际关系中，总会存在一些轻微的越界行为，一段健康的关系中需要容忍与消化那些因为越界而带来的负面情感，越界也是关系深入的前奏。边界意识过分强烈的人，由于越界而唤起潜藏的负性体验，会导致难以建立一些深入的关系，无法与人分享一些深层的困惑，并经常性地感到人际受挫。

有些人边界感过于模糊，习惯性地越界去探索隐私。比如，刚认识没多久便急着询问："你多大了？""每个月赚多少？""女朋友是哪里人？"令人无奈又愤怒，所以边界模糊的人也往往令人敬而远之。有些边界模糊者会在刚见面时就把自己的个人信息（年龄、收入等）和盘托出，给自己留下安全隐患。边界感模糊的父母无视孩子独立的需要，总是习惯于越俎代庖，频繁地侵犯孩子的空间。

一般相对于西方人而言，中国人的边界感更模糊些，所以中国人去西方国家生活，往往会经历一个艰难的磨合期。农村人相对于城里人的边界意识也更薄弱些，所以很多农村人初到城市时会觉得城里人太冷漠了。边界模糊并不完全是坏事，边界模糊的人往往更热情，更愿意去帮助别人，更有侠义精神，两个边界模糊的人也许会形成亲密的关系。但一个边界模糊者遇到一个边界清晰者，可能会经历很艰难的磨合期。

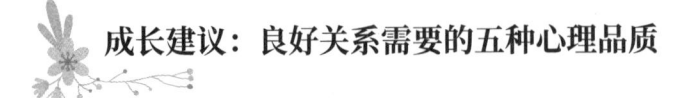

成长建议：良好关系需要的五种心理品质

关系良好的人往往有一些成熟的心理品质，这些品质的特点是放下了对自我的执着，发展出对他人理解、尊重、包容的心态，以及积极解决问题的态度。

第一种品质，学会反思自己。

对自己保持一定的质疑态度是必要的，过度的自我怀疑会变成自卑，而过度的相信自己则会变成自负。有反思才会有成长，适当的反思会中断人际关系中的敌意情绪，缓解对抗，有助于建立合作关系。如果缺少自我反思，有些人会把责任归结为他人，自动表现出对他人的敌意，然后开始彼此敌意的猜测，产生一段对抗性的关系。

每当出现对抗的关系，一个人不妨静下来做记录。记录的过程有助于更清晰地看待这段关系，发现自己的问题所在。同时，记录的过程也有助于一个人缓解情绪，更理性地看待某段关系。

第二种品质，对他人的尊重。

一个人之所以能够尊重他人，是因为内在的自信与安全。有些人内在的匮乏感很强，对自己不够自信，对他人充满敌意，因此可能以压迫性的方式来获得自尊，攻击他人。缺乏对他人的尊重也会导致他人的敌意和疏远，最终影响关系的质量。

可以一点点试着尊重他人。尊重的行为能够唤起别人的尊重和喜欢，这会逐渐改变周围人的印象。周围人的善意被更多地感觉到，有助于逐渐改善心理匮乏者的内在客体关系状态，从中发展出更为真诚的尊重。

对他人的尊重还体现为对他人情绪的尊重，不是否定或嘲笑他人的情绪，而是能够体谅、理解和接纳他人的情绪。对他人情绪的尊重和接纳，会让他人觉得安全，明显提升一个人的人格魅力。

第三种品质，能够坦诚表达自己的需要。

坦诚表达自己的需要是一种成熟的心态。有些人往往不愿意或者不敢直接表达自己的需要，因为他们把表达需要当成一种示弱，后者会唤起内在的压迫性关系，生怕自己会被人利用或攻击。其实，向他人主动发出邀请、表达需要，不但不是一种示弱，而且是一种成熟且有力量的行为。

有些人对于麻烦似乎有一种很排斥的态度，他们习惯性地不愿意去麻烦别人，不去向他人表达需要。这种过于封闭的心态阻碍了良好关系的进入，让他们的眼界显得过于狭隘。在这一点上，他们是短视的，他们只看到向别人表达需要所带来负面的内容，却忽略或否认正面的内容。其实，主动请求别人，对方也许会觉得有些麻烦，但另一方面，主动请求表达了对对方的信任和需要，也给了彼此一次增强关系的机会。

第四种品质，培养付出的心态。

有些过于自恋的人更注重获取而排斥付出，把付出等同于吃亏。在这一点上，他们的短视又一次出现了。他们只看到与付出相伴的辛苦，而看不到付出带来的回报。或者他们太渴望即时的回报，而缺乏更长远的眼光。

即使每次付出不一定会有实际的回报，但付出也能带来情感上的回报，比如对方的感激、赞赏，周围人的认可等。就像在公交车上让座，虽然付出了身体上辛苦的代价，却收获了一种心理上的积极情感。在职场上，那些愿意为同事、领导解决小问题，愿意把自己的所思所想分享给周围人的人，往往会在不知不觉中获得更多的机会，而那些总是计较个人得失的人，往往得不到周围人的认可。

付出是一种习惯，这种习惯是可以培养的。哪怕你不那么习惯，也可以逼着自己这样做，慢慢地感受付出所带来的收获。每一次谦让、分享、帮助、捐赠，都能减弱你的私心，带来和谐的关系和内心的富足。如果你愿意，可以把每次主动付出的行为记录下来，不断见证自己的成长。

第五种品质，愿意聆听别人的想法并做出适当的回应。

这是每个人都需要不断练习的。真正的倾听来源于屏蔽自身的需要，进入对方的情感世界，听懂对方，理解对方，回应对方。这同样也是一种付出的心态，是让人感动的，能够给人滋养的。

很多人过度注重自身的利益，缺乏付出的心态，无法真正倾听别人。每次需要听别人讲话时，他们都会觉得特别烦躁，忍不住打断别人说话，只想着表达自己。静下心来听别人说话，理解别人表达的意思，理解对方背后的情感，这种深度倾听，既能给对方美好的体验，也是对于自己的一种修炼。在这个过程中，对自己的考虑会越来越少，一种真正的利他主义建立起来，与此相伴的是更多的平静与喜悦。

第二章

亲密关系

心理学家埃里克森认为，22—30岁的青年人普遍面临的心理危机是"亲密对孤独"。一个拥有良好亲密关系的人，很少会有孤独的感觉，经常会有人生的意义感和与他人的情感联结感。相反地，一个无法拥有健康亲密关系的人，则容易有孤独、无意义、抑郁等负性体验。

一个人解决亲密关系问题的能力和他的个体化水平有很大的关系。个体化水平较高的人情感上更独立，能够对他人尊重、体谅，更能接受关系中的差异和分歧，这些品质为调节亲密关系的冲突、提升亲密关系的质量打下了良好的基础。个体化水平低的人，要么过度依赖亲密关系，要么过度独立，甚至不敢涉及亲密关系，在关系中也会忽略对方的情感和需要，被不安、愤怒、害怕等情绪困扰，严重阻碍亲密关系的深入与稳定。

亲密关系方面的问题与原生家庭之间存在明显的联系，父母关系糟糕的人，对于步入婚姻往往会有怀疑、害怕与抗拒的情感。父母糟糕的人格状态，也会对个体的依恋类型、自恋发展、性心理冲突、调节情绪的能力产生负面影响，这些问题会在亲密关系中呈现。比如，焦虑矛盾型依恋的人在亲密关系中总会有明显的不安全感，给予伴侣强烈的情绪压力；回避型依恋的人拒绝情感沟通，让关系中的亲密感大打折扣；自恋的人在亲密关系中对伴侣会有过多的情感剥削，甚至让缺乏独立性的另一方完全迷失自我；没有解决好性整合的人往往会拒绝亲密关系，或者出现各种心理症状；情绪容器功能不够的人，无法承受亲密关系中的负性体验，经常以激烈的方式爆发关系中的冲突，最终破坏亲密关系。

本章首先是几篇关于正确处理亲密关系冲突的文章，然后是一些恋爱方面的常见问题的解答，如男生害怕女生、爱上不爱自己的人、被优秀者表白后的恐惧、一谈恋爱就不安等。通过不断认识到自身在亲密关系问题中的责任，不断提升自我处理情绪、压力、冲突的能力，来获得良好的亲密关系，伴侣双方能够在亲密关系下不断丰富彼此的人格，让亲密关系成为个体意义感、归属感、价值感的重要源泉。

亲密关系中的被动与主动

在亲密关系中，我们往往以对方爱自己作为付出爱的条件，这种有条件的、被动的态度容易导致冲突的产生——当发现对方不够爱自己时，人难免会生气，甚至会报复。于是，关系中潜藏着许多没有表达的愤怒。

比如有的小夫妻在个性上还不成熟，缺乏主动、关心、付出、理解的品质，更多的是依赖、被动、控制和自恋的心态。主动付出爱与关心是一种成熟的心理品质，因为这意味着克服自恋，即承认没有人是单方面为我服务的，我为了得到好的关系，就必须在关系里承担自己的责任。这种低调的态度拉平了彼此的关系，对方会感到被尊重，自然会放下身段平等相处。

一对相处五年的夫妻最近关系越来越疏远了，丈夫形容彼此仅仅是"合作的关系"，无奈的他只好把更多的精力放在工作上。但婚姻如果只有合作而少了亲密，是不稳定的。家庭中潜伏着对立的气氛，有时他们会因一些小事而争吵不休。后来，丈夫觉得这样下去不行，他不想离婚，他珍视两人之间的感情。于是他暗示自己要尽到丈夫的本分，虽然心有不甘，但尽量做到"义务式的关心"，比如给妻子倒水、买药、问候，还会不时地赞扬妻子。没想到，几天之后他发现妻子的态度改变了，不像之前那么生硬，而是顺从多了，甚至经常会浮现快乐的表情，主动为他做了很多事情。这种积极的变化让他们彼此之间的亲密感重新丰富了起来，慢慢走出了婚姻的危机。

关系中很重要的是先理解和满足对方的需要。需要被满足了，对方自然乐意来回馈你。正如一句俗语所说的"你想要让别人尊重你，你得先尊重别人"，低调的、主动的心态是良好关系的基础。懂得了这个原理，我们就可以利用它来改善关系，重点是主动表达关心、理解、回应和欣赏。

当妻子抱怨工作中的不满时，丈夫别急着打断妻子的叙述，发表自己的观点，而是认真地倾听；不要马上进入认知和分析的层面，而是去感受对方；不要马上进行评价，而是以非评判的态度尊重对方的感受；不要急着做出判断，而是尊重对方的智慧。在沟通中，这些低调与回应的态度，能带给对方充分的滋养，让关系中弥漫着亲密的气氛。

也许有人会担心，万一总是我付出而对方不付出怎么办？这其实是一种投射，把对方投射成一个让周围人都来满足自己的人，投射的是自身的自恋部分。这是我们内心深处的渴望，希望被照顾、被肯定、被赞赏，而自己只是乐于享受。这种婴儿般的需要注定是要受挫的，健康的人其实早就理解了这一点，所以不会有这样的表现。健康的人在被关心时既享受，也愿意去回馈对方表达感激，所以不妨放心地付出你的爱。如果对方真的只是接受而不愿意付出，那么你就要果断地肯定自己，表达愤怒，让对方的自恋受挫，并逐渐发展出对你的关心和爱。

我们经常能看到伴侣双方相互抱怨，抱怨的背后潜藏着不满，而不满来源于愿望满足的受挫。如果一方先主动满足对方的愿望，比如对于妻子的要求，丈夫心平气和地完成了，那么妻子的被爱需要得到了满足，抱怨减少了，对丈夫的爱就增加了。相反地，如果双方都在想："凭什么总是要我付出，他/她就不能先付出吗？"那么两人就会陷入对立的状态，关系中就会缺少爱的气氛。

当然，关系中难免存在冲突，这种冲突也许来源于习惯、做事方式、价值观、需要等的差异。此时，我们需要正确的沟通，在沟通中，更多地以"我信息[①]"来表达自己的感受，抱着双赢的态度来解决问题，而不是压制对方或一味地顺从对方。充分创造关系中的平等、尊重与理解的状态，是成熟关系中必不可少的。

---

① "我信息"指的是遇到冲突时一种建设性的沟通表达方式，一般以"我"开头，比如"我看到你早上没有叠被子，有点生气，好像叠被子变成我一个人的责任了"。与此相对的是"你信息"，比如"你又没叠被子，难道每次都要我来叠？"一般来说，"我信息"更有穿透力，更少指责，因此更能被对方接受；而"你信息"容易导致对方的反击，沟通效果较差。

如何面对婚姻中的不满意

一个30多岁的女子纠结于她的婚姻。她总会发现丈夫令她不满意的地方，比如工作太忙、不关心孩子、不够体贴等。两人在性格上有一些差异，生活习惯也有所不同，难免偶尔会有冲突。每当发生冲突时，这个女子便很悲观，那些长年积累的委屈浮上心头，她觉得丈夫并不是真正爱她，后悔当初的选择，幻想着找到另一个更爱自己的人。无奈之下，女子和她的母亲说了离婚的想法。母亲了解她婚姻的状况，发现女婿对女儿还不错，只是因为工作太忙而疏于与女儿沟通，于是母亲语重心长地告诉女儿："婚姻并不需要很好，差不多好就可以了。"

这个答案让女子很丧气，她可不想一直这样下去，谁不想拥有完美的婚姻和完美的伴侣呢？母亲似乎悲观的言论却道出了生活的真谛：无论是婚姻、职业还是友谊，不会有完美的存在，能做到差不多好就不错了。但"城外的人想进去，城里的人想出来"，人在面对差不多好的状况时，总是很不满意，寻求完美的想法会一直留存于心底。

如果你上了大学，同学之间的竞争与冲突是存在的，你还会不断发现学校与老师的不足。如果你是办公室职员，同事之间的竞争与推诿是难免会发生的情况。如果你有了孩子，当孩子不能符合你的期望时你也会很纠结，你甚至很后悔生下他/她。所有这些情况，都会让你感慨生活的艰难，但这些就是生活的一部分，它们就像是阳光下的影子，是不以人的意志力为转移的客观存在。

在《西游记之大圣归来》中，孙悟空对于手臂上的锁链特别憎恨。他排斥附加在他身上的使命——身为齐天大圣，应该去打败妖怪，拯救苍生。他想把锁链扔掉，不想接受齐天大圣的使命，因此，他总是心情抑郁，没有力量。最终他认同了使命，接受了锁链，成了名副其实的齐天大圣，变得力量无穷。

这个故事教给我们的道理是：对于那些无法摆脱的东西，你正确的选择是正视它、接受它；对于痛苦，你正确的选择是表达它、消化它、理解它。能力的局限、个性的缺点、外貌的缺陷、过去的历史、社会的任务、关系的冲突、身体的改变……所有这些都是一个人不得不面对的现实。所以，痛苦是绝对的，它无法被超越，只能被整合。

整合痛苦才能让"差不多好"变为"更好"，从而拥有世俗意义上的幸福。当女子承认冲突与不满意是婚姻生活的一部分，那么她更能看到丈夫带给她的好。每当丈夫做出令她不快的举动时，她不再沉浸于悲观的联想中无法自拔，而是能够承认它、表达它、建设性地解决它。这种新的转变，让她更能理解丈夫，带给丈夫好的感觉，也会激起丈夫对她的体贴与关心，关系开始积极地发展。当一个大学生明白了"完美的大学""完美的老师""完美的同学"是不可能存在的，懂得了竞争和失败是生活的必然，那么他/她也许能放下对"完美大学"的执念，开始脚踏实地地投入学习，不断体验到成就感，让他再一次充满自信。所以，能够拥有"差不多好"的心态的人，应该是有更多幸福感的人。

幸福的婚姻是怎样的

这是一位网友的问题："我妈很久以前就开始和我说，她并不是特别喜欢我爸，嫁给他主要是因为感激。他们三观不是很合，我妈经常会数落我爸。爸爸比较老实，也不和她争，一年中可能会有一两次大吵，但家庭还算比较和谐。后来我了解到很多家庭也是平平淡淡，有时候会吵架，婚姻维持下去的原因是已经过了这么久，又有孩子，没什么大问题，平时也还算和谐，没必要再折腾了，凑合过就行。有没有特别幸福的婚姻呢？如果有，会是什么样的呢？"

判断婚姻幸福与否的一个标准是积极体验（如喜欢、欣赏、爱慕、吸引、亲密、热情、放松）与消极体验（如争吵、冷战、隔阂、冷淡）之间的比例。如果积极体验远多于消极体验，那么婚姻便是幸福的；如果消极体验远多于积极体验，那么婚姻便是不幸福的。所以营造婚姻幸福有两条途径，一是创造积极体验，二是处理好消极体验。

要有积极体验，伴侣双方最好是基于彼此的吸引、欣赏、爱慕、亲密在一起的。在斯腾伯格的"爱情三元论"中，美好的爱情需要建立在激情、亲密、承诺的基础上，前两者都是积极的体验。很难想象一段缺少激情与亲密的婚姻关系会是幸福的，但现实的情况是，很多人结婚不是出于想和对方在一起，而是出于避免一些消极因素，比如怕父母不高兴，怕对方难过，怕周围人的眼光，或者是怕单身的孤独。

不是建立在积极体验上的婚姻关系是不稳固的，伴侣的一方或双方会把那些无法从对方身上满足的亲密、被爱、安全、归属需要投注在其他人身上，可能是情人，也可能是自己的孩子，当然也会有其他对象（比如事业、宠物）。所以，当一段看上去不光彩的婚外情发生之后，我们先不要急着进行道德判断，而是要看一看双方之间到底发生了什么。当父母的一方把情感投注在自己的孩子身上而不是伴侣身上时，便会形成诸多不良的家庭关系。比较常见的是母亲与孩子形成同盟，把丈夫或爷爷奶奶排除在外，让孩子过早地卷入家庭斗争中。

从某种意义上说，父母能够带给孩子最好的礼物，不是金钱、教育或机会，而是幸福的婚姻关系。夫妻双方的幸福成了家庭安全和温暖的基石，为孩子的积极探索和创造性发展营造了安全的氛围。良好的父母关系也是孩子将来幸福婚姻的模板，而婚姻是多数人大半生的人生历程。同样地，父母带给孩子最大的伤害，可能并不是贫穷、缺少教育或机会等，而是夫妻关系的不幸以及由此造成的把孩子作为情绪发泄或情感控制的对象。成长于不幸福家庭中的孩子，往往容易敏感、脆弱、多疑、害羞、自卑、强迫。

爱情是单纯的，而婚姻是复杂的。当爱情转化为婚姻之后，那种单纯的两人关系不得不演变为复杂的多元关系（如夫妻关系、与公婆的关系、与孩子的关系、与其他亲戚的关系）。在多元关系中，矛盾产生的可能性与丰富性都增加了。如何处理婚姻中的矛盾，以及如何面对与消化婚姻中的负性体验，是每一位已婚者要面对的课题。

为了拥有幸福的婚姻，伴侣双方都需要经历一个自我成长的过程，即充分地消除幼稚心态，拥有更多的成熟心态。具体来说包括：充分完成分离个体化[1]，成为一个心理独立的个体；修通过分强烈的自恋需要，充分认识到对方的独立性，发展出平等尊重的心态；修通俄狄浦斯冲突[2]，解除性的压抑，更善于

---

[1] 分离个体化指的是孩子逐渐形成独立自我的过程。孩子与母亲分离的过程伴随着个体化的逐渐形成。完成了个体化，一个人会具有"我是存在的一种感觉"的意识。

[2] 很多孩子在3—6岁的性器期，广泛存在着对异性父母的性渴望，试图占有异性父母并打败同性父母。比如，男孩渴望占有母亲，把父亲当成对手；女孩迷恋父亲，希望取代母亲。弗洛伊德借用希腊神话《俄狄浦斯王》（俄狄浦斯在不知情的情况下杀害了自己的父亲并娶了母亲），将该情结命名为"俄狄浦斯情结"。对异性父母性的渴望，对同性父母取代与敌对的情感，会唤起孩子强烈的内疚和害怕，表现为一种心理冲突。

处理多元关系。当一个人修补好成长过程中的缺陷，那么自私、依赖、控制、剥削、被动等幼稚心态就会越来越少，而尊重、自主、理解、关心、包容、主动等成熟的心理品质会越来越多，恋爱关系便有了不断维系下去的人格基础。

婚姻是一个"痛并快乐"的过程，婚姻中的痛苦是难免的，关键在于，这些婚姻之痛是可以谈论的、理解的、包容的，此时，痛苦便能转化为人格的成长。如果这些痛苦无法被理解，难以被包容，那么它们便很难转化为对人格有益的养分，同样的痛苦会不断在婚姻关系中重演出来。在婚姻治疗中有一个非常有价值的处理负性体验的练习：彼此用15分钟的时间，以不带评价或指责的方式，表达自己的所思所想，对方只是倾听，不进行辩解或反击。这个练习有助于把对伴侣的不满、怨恨，以及自己的委屈、伤心等情感表达出来让对方听到，这是处理负性体验的一个有效方法。很多的伴侣矛盾是在没有了解对方的想法和感受的情况下主观臆测产生的。而听到彼此内心真实的声音，有助于伴侣双方深层的沟通和理解。

亲密关系中一种常见的潜意识沟通方式

一位妻子对她的丈夫非常愤怒，因为她经常为了家务忙前忙后，而丈夫却一点也不肯帮忙，把所有的事情让她一个人做。如果听了妻子的抱怨，也许你会很疑惑，为什么丈夫如此无情？同时，你也会同情妻子的遭遇，对她的丈夫产生不满。

我们需要分析一下丈夫为什么会这么做，他可能使用了一种心理防御机制[①]，将一些自己难以承受的情感（愤怒）有意无意地放在妻子身上，强迫她体验这种情感。通过这种方式，既表达了愤怒，又让对方感受到了自己的愤怒。

如果这个分析成立，那么妻子的愤怒恰恰是丈夫对她的愤怒，丈夫以这种不合作的方式让妻子体验到他的愤怒。通过进一步分析我们会发现，丈夫是一个非常自恋的人，希望妻子完全按他的要求来做，当发现妻子不配合时，就会产生强烈的愤怒，然后以这种不合作的方式将愤怒传达给妻子。总结来说是这样的过程：不合理的要求（愿望）—受挫—愤怒—以不合作的方式唤起对方的愤怒—争吵或冷战。

这对夫妻经常会因为类似的情况出现矛盾。要避免这种情况重复发生，关键在于缓解丈夫内心那些不合理的要求（愿望），发现他处理情感的方式，通过不断地自我探索来完成这个任务。如果丈夫来接受心理咨询，那么，同样的情感运作方式往往会在他与咨询师的关系中呈现。我们来看一个案例，来自

[①] 心理防御机制（称为防御机制或简称为防御）是人在面对冲突、压力、创伤时发展出来的自我保护机制。

《心灵的面具：101种心理防御机制》一书：

UU小姐是一名23岁的抑郁单身女性，她讲述了她与父亲关系中的问题，她父亲总是无理地攻击她。在一次访谈中，她对我进行了批评，因为我迟到了一分钟。她说："你知道因为我父亲对待我的方式，我是无法忍受等待的，而你现在却让我等！我不喜欢你用你的心理学伎俩来操纵我！我要求你道歉！"

在她谩骂我的时候，我感觉自己受到了不公平的指责，但同时我也觉得为自己辩解将是徒劳的，因为她看上去如此无理。幸运的是，我认为我的情感反应提示了那是对她使用的一种心理防御机制（投射性认同）的一个反应。因此我对她说："我现在感觉好像遇见了你父亲！"

在这个案例中，UU小姐的愤怒来源于她的受挫（咨询师让她等了一会儿），她通过攻击咨询师的方式强迫咨询师体验到愤怒（如果是前面例子中的丈夫，他可能会以不合作、迟到等被动攻击的方式让咨询师体验到愤怒）。而UU小姐对于受挫如此强烈的反应，来源于她的过去：她有一个完全不顾及她感受的父亲。在她受挫的那一刻，她把咨询师当成了她的父亲，同时，她马上用父亲那样的方式来攻击咨询师，反转局势，强迫咨询师成为幼时面对父亲时那个无助又愤怒的自己。

这两个案例提示我们，当别人让我们不舒服时，我们需要理解潜意识沟通的过程，反思自己："是不是她对我有不满之处？是不是我哪里让她受伤了？"这样的反思也许能让冲突以一种合理的方式得到解决。

在第一个案例中，生气的妻子如果只是一味地指责丈夫懒惰、不体谅，那么，往往会招来丈夫的反击，丈夫可能会翻出诸多陈年旧账，一场争吵就在所难免了。如果妻子能和丈夫说："是不是我哪里得罪你了，让你来这样对待我？"这样的表达，是一种真正意义上的沟通，"我哪里得罪你了"将直击丈夫的内心，让他感受到受伤的部分。即使他没有具体表达出来哪里受伤了，他也会觉得自己被理解了。

在UU小姐的案例中，如果咨询师这样回应可能会更好："因为我迟到了一会儿，让你很受挫，我表示抱歉。"这样的回答直接回应了对方的受挫感，使对方的情感得到安抚。在理解和安抚的基础上，再去呈现UU小姐身上父亲般的强势部分和它的来源，会更容易让她接受。如果仅仅说"我感觉好像遇到了你父亲"，虽然咨询师说的并没有错，但UU小姐并没有觉得被理解，反而可能觉得被指责了（指责她像父亲那样无理）。

在亲子关系中，同样会有类似的潜意识沟通方式。比如，孩子不肯做作业，父母会很着急，逼着孩子努力学习，孩子被逼无奈，只好学习。但孩子总会以磨蹭、不合作等方式来抗拒，对此，父母更加生气，更加逼着孩子学习。结果，亲子关系中弥漫着生气甚至暴力的色彩。其实，父母对孩子生气往往来自孩子对父母生气，只是他无法以合理的方式来表达，因为他觉得没有理由（孩子也会觉得，做作业天经地义，但自己确实不想做）。孩子无意识地通过让父母体验到生气，来处理自己对父母的不满。对于很多孩子来说，只有到了青春期，自主和独立能力增强之后，才会体验和表达对父母的不满。

因此，当孩子让父母生气时，父母需要反思："孩子对我很生气，是不是我哪里得罪他了？"这样的反思，有助于探索对方的需要。如果对方的需要是合理的，就适当地满足；如果对方的需要是不合理的，就表达出来，以理性的视角来讨论，而不是强迫对方服从。这样的处理方式才是更好的沟通，让关系有更多温情的呈现，避免被破坏性的冲动主导。

为什么我害怕女生

这是一个大学男生的困惑："从小时候开始，我就对妈妈很惧怕。上学时，因为不敢和女生吵架，也很听女孩子的话。后来长大了，发现自己已经形成了一种习惯，无论女生好还是坏，我都会微笑着和她说话，语气温柔，态度良好，从不敢与女生对抗。好多女生骗过我，我也不敢生气，因为觉得虽然她们骗了我，但能让她们高兴就好。"

生活中有一些男性对女性是谨小慎微的，这些人在恋爱时，属于"不会让心爱的女人受一点点伤"的类型，这种令人感动的态度更多的不是出于真爱，而是恐惧。对于这些人来说，女性对他们的不满意或生气是最令他们害怕的，因此他们总是处处讨好女性。

由于对女性体贴有加，加上性格中有活跃开朗的一面，有些男生很能获得女孩的青睐。女孩们会乐意与他们亲近，比如托他们帮个忙，有心事也会找他们倾诉，让他们成为"蓝颜知己"。不知情的人会觉得这些男性太幸福了，那么有女人缘，其实这些男孩在与女孩相处时虽然也有成就感，但更多的是无奈与压力。他们非常担心女孩生气，甚至可以为了让女孩不生气而自我牺牲。

之前和一个钢琴老师聊过一个男孩的故事。这个男孩是钢琴学校的明星学生，他每天都会到钢琴学校练琴1个小时，而且弹得相当好。我看了他的照片，从照片上看，他像是一个小学四五年级的孩子，所以当老师说男孩正在读幼儿园大班时，我感到很惊讶。老师和我分享了男孩妈妈的教育方式。每当儿子磨蹭着不想练琴时，妈妈就拉长了脸，压低了声音，以一种压迫性的语调威胁说："你真不练……"这个时候，男孩就会露出害怕的表情，并乖乖地继续练琴。我不免猜想，这个男孩曾经因为不肯练琴受到妈妈非常严厉的惩罚，以致他心有余悸。

如果这个孩子内化的女性形象是像妈妈那样冷酷又喜欢掌

控的，那么我们可以推测他将来与女性的交往可能会遇到困难。他也许无法自在轻松地与女性相处，不敢和女性开玩笑，羞于与女孩调情。他也许会采取讨好的、听话的、服务的方式，去为女性无偿付出。因为女性的生气或不满，会勾起他幼时与母亲相处时那种无助又恐惧的情感。

作为男孩，母亲是他与女性相处的第一个对象，母亲的人格品质、他与母亲相处的感受，将在很大程度上决定将来他与其他女性交往时的主观体验。女孩也一样。女孩与父亲相处的感受，女孩父亲的人格特征，都会极大地影响将来女孩与其他异性相处的体验。生活中会有些迟迟不结婚的，或者在婚姻关系中不幸福的女人，在她们成长过程中往往有与父亲相处时的糟糕经历。

从小受到母亲严厉或无情管教的男孩可能还会发展出对女性的报复性的情感。比如一个很喜欢和女孩搞暧昧的男生，他会用一些小伎俩让女孩喜欢上自己，然后便对她们爱理不理。当女孩因为他的冷漠而感到伤心时，他虽然也有一丝同情，但内心深处更多的是报复性的快感。这个男孩把对母亲的愤怒转移到了其他女孩身上，并以折磨对方的方式来宣泄幼时未能表达的愤怒。

我们还要谈一谈男性的阉割焦虑，即害怕失去男子气的焦虑。很多人想当然地以为父亲会实施这个惩罚，其实很多时候是母亲把儿子"阉割"了，让儿子失去了男子气。当母亲总是取笑儿子的自我表达，当母亲总是打败儿子，当母亲把父亲排斥在亲子关系之外，或者母亲总是过度保护儿子，儿子可能会被迫发展为一个缺乏勇气与挑战精神的男人。这些男人在女人面前，会习惯性地压抑真实的自我，缺少一种征服女人的气概和信心。而压抑真实的自己所潜藏的愤怒会影响与异性的关系，表现为对异性的疏远、敌意和害怕。

前面以母亲为代表说明了幼时男孩与女性的压迫性关系可能带来的负面影响。男孩的姐姐、阿姨、姑姑等女性亲戚的压迫性态度也同样会对男孩的性心理发展产生重大的影响。这种恐惧或敌意留在内心深处，想要改变它并不容易，但还是有些思路可供参考。

1.通过心理咨询的过程，去觉察、表达、理解幼时曾经产生的对母亲的敌意和恐惧。当足够地体验与表达之后，对女性的敌意和恐惧的情绪便会有所缓解。

2.谈一场恋爱。如果有幸遇到一个心理健康的女人，能够给予一个害怕女性的男性足够的关心与体贴，并一次次地消除其无意识中对女性的不合理信念（如"女人是老虎"），就会有助于其内在的改变。

3.当对女性的消极体验被充分缓解之后，男性在行为上便会有所变化。比如，当与女性有冲突或观点不一致时，更能表达自己而不是一味地服从；更能以平常心看待女人，因此敢于唤醒内在对女性的渴望，并去追求合理的满足。

与女性相处时的积极变化也许会开启改变的正向循环。女性的细腻、温柔、体贴更能被他们体验到，对女性的害怕与敌意会变得缓和，反复地体验便能重新内化一种积极的关系。

被拒绝后死缠烂打地追求我

一个女孩与一个男孩通过相亲认识了，两人见过一次面，女孩觉得对方不太合适就果断拒绝了。没想到对方开始死缠烂打，每天各种微信、短信问候，这不免让女孩觉得有点夸张，也会忍不住想：难道对方是真爱？她不免犹豫要不要继续和对方交往。在我看来，也许男孩是真的喜欢这个女孩，所以不愿意轻易放弃，但更可能的情况是：这是被拒绝之后自尊崩溃的反应。

从表白被拒的反应可以看出一个人的自尊状况。表白被拒对于自卑者来说是非常痛苦的，他们通常的反应是放弃，因为自卑者需要保护自己脆弱的自尊，他们害怕再一次体验自尊受挫的痛苦。相反地，高自尊者不会轻易接受失败，他们会去发现失败的原因，并在适当的时候再一次尝试。这些人喜欢接受挑战，因为他们对成功总有良好的预期。

自恋者的反应与高自尊者有类似的地方，他们不会轻易接受失败，所以也会尝试再次表白。区别在于自恋者的再次表白不是建设性的，而是破坏性的，他们会通过死缠烂打的方式来表达因为被拒绝而产生的强烈愤怒。由于自尊的不稳定（一极是夸大的自体，另一极是弱小的自体），自恋者很难面对失败，失败会唤起他们特别糟糕的体验，他们通过折磨人的方式把这种糟糕的感觉扔给对方。反复发短信或微信问候的方式还算是好的，更严重的会采取盯梢、跟踪、骚扰等方式，有些人甚至会以自杀相威胁，达到控制对方的目的，你能说这样的爱是真爱吗？

那么，什么才是真爱？如果一个人确实对另一个人有爱的感觉，那才是真爱。自恋者很难有真正意义上的爱的关系，因为他们最爱的是自己，他们把别人都看成自己的延伸，很难真正发展出成熟的爱的关系。有时，他们会做出夸张的爱的表白，或者在"爱"的关系里付出很多，但促使他们这样做的动机并不是对他人的爱，而只是一种"爱的表演"。他们想表达的是：看吧，我是那么付出，那么浪漫，那么尽心尽责，我是一个多么不错的爱人！他们只是想通过这种"爱的表演"来得到别人的赞赏，而内心深处，他们对别人缺乏真正的同理心及喜欢的感觉。但他们总是想方设法地掩饰，甚至骗过了自己，因为承认错误或不足恰恰是他们最缺乏的能力。

即使是真爱，也有成熟度的区分。成熟的爱需要克服自恋性、依赖性和剥削别人的要求，而幼稚的爱的背后潜藏着诸多未被满足的匮乏性心理需要，这使其在爱的关系里充满着控制与愤怒。比如一个每天晚上必须让男朋友说"我爱你"才安心的女生，我们可以想象这样的关系里充满依赖与控制。又比如一个男子为了自我发展总是忙于事业而无暇顾及妻子，并以各种说法来打消妻子的抱怨，我们能够感觉到关系里的自私与不平等。这些不成熟的爱的关系里埋藏着各种随时会爆炸的炸弹，充斥着大量的争吵、敌对、冷战与折磨。

什么样的人才能有成熟的爱？一个修通了诸多安全的、被爱的、自尊需要的人才有能力发展成熟的爱的关系。成熟的爱充满着信任与理解，注重"给"而不是"得"。"给"并不放弃或牺牲，而是充满力量和自信的表现。在成熟的爱的关系里的人乐于与对方分享他的快乐、理解力、知识、幽默和悲伤——一切有生命力的东西，因此这样的关系充满着活力与创造力。成熟的爱也包含伴侣双方彼此的回应和理想化，从而增强双方的自尊。成熟的爱基于健康的心理品质，主要包括：关心、尊重、责任、认识。

1. 关心

因为与男朋友的一次冲突，女生A在办公室里哭了起来，旁边的男同事看到就问她怎么了，她说只是一件小事。男同事继续问："那你需要我为你做些什么？"女生说："你就当没事，让我哭一会儿就成。"男同事知趣地不说话了。

一位班级团支书组织一次班会，不过活动并不成功，她非常伤心。班级的心理委员知道了，就发动全班的班委发短信去安慰团支书。心理委员本以为团支书会得到安慰，没想到团支书非常生气地对她说："我的事不要你管！"

第一个例子中的关心是有效的关心，因为男同事充分尊重女生的需求和边界。第二个例子中的关心却起到了反效果，原因在于，这种慰问并不是对方想要的关心。一般来说，真正有效的关心，总是伴随着共情的能力，知道对方真正需要的是什么，充分尊重对方的个人利益，既不是借关心的名义传递控制和剥削之实，也不是热情地给予对方根本不需要的东西。

2. 尊重

尊重是维系社会关系很重要的态度。小莉在成长的过程中，母亲总是有过多的命令和要求，个性内向的她一般不敢反抗。有一次她考试没考好，母亲就在她耳边说："如果你再考不好怎么办？""快点去学习啊，如果你考不上大学，会让我们全家都很丢脸。"小莉忍不住说："你已经说了很多遍了，我耳朵都听出茧了。"但之后母亲还是会不断地说。慢慢地，每当母亲数落时，小莉就觉得胸口被一块东西堵住了，快要爆炸了。有一天母亲再一次喋喋不休地说起学习时，小莉崩溃地说："我想要自杀。"

这位母亲不体谅孩子的心情，只是一味地把自己的想法灌输给孩子，直到逼得孩子心理崩溃还不自知。尊重的本质是实事求是地正视他人独有的个性，如果我爱一个人，就该接受他原本的一切，而不是一味地希望对方按自己的意愿来改变。

3. 责任

发展一段爱的关系，责任是必需的。S先生已快到而立之年，不过，他对于工作和恋爱并不投入，虽然每天也按点上班，但他更想要的是下班之后的娱乐和轻松。他不想结婚和生孩子，觉得那是给自己的负担。他渴望过自由自在的生活，永远轻松快乐。从某种角度来看，S先生还是一个小孩，他讨厌成人世界中的压力，还没有完成成人身份的转化，对工作、家庭、未来发展方面的投入很低，不愿意承担应有的责任。这导致他很难发展爱的关系，他总是过多地活在自己的世界里，只关注自己的利益得失。

在伴侣关系中，责任心意味着有能力并准备对一些伴侣的愿望给予回答，也意味着主动去调节关系中出现的问题，而不是听之任之。有些人习惯于把问题的责任推给对方，认为对方"不体贴""太自我"，排斥去认识自身的责任，抗拒做出改变。

4.认识

认识指的是在关系中更分化地看到对方，更全面地认识自己。C女士对她的父亲很愤怒，因为父亲太以自我为中心了，一切都要他说了算，而且，父亲不断要求孩子们为他做些什么，各种道德绑架。和父亲在一起时，她经常会委屈、愤怒、难过，她一次又一次地幻想着离开家庭，越来越不想和父亲进行情感交流。后来，她慢慢地发现，父亲其实是一个没有爱的能力的人，他只会一味地向周围人索取爱。她内心深处一直渴望得到父亲的爱，但一次又一次地感到失望。当她认识到父亲是一个没有爱的能力的人，她放下了对父亲的爱的渴望。现在，她的心情轻松很多，与父亲的矛盾也少了很多。

没有认识，任何责任心和关心都是盲目的。认识对方需要付出很大的努力，往往也伴随着各种受挫感。不断地认识对方，区分自我与对方之间的差别，有助于关系的和谐。

按照弗洛姆的说法，爱既是一门理论，也是一门艺术，因此需要不断地在实践过程中摸索与创造。在幼稚的爱逐渐转化为成熟的爱的过程中，一个人也从自恋走向爱人，从依赖走向独立，因此，爱的实践过程是一个人走向心理健康的必由之路。一段成熟的爱需要不断地克服依赖、控制、自恋的心态，不断地认识到没有人是单方面为自己服务的，为了获得好的关系，就必须在关系里承担自己的责任，发展自己积极的心理品质。这些建设性的态度能够拉平彼此的关系，对方会感到被尊重，关系中的亲密感也会不断地增加。

被优秀者表白后感到恐惧

一个女生喜欢上一个同班的男生，被他的阳光与自信所吸引，有时候，女生会和对方有一些眼神接触，发现对方似乎也喜欢自己，因为他的眼神中总包含着某种热情。"你想多了，这样优秀的男生是不可能喜欢你的，别自取其辱了！"自卑的她脑海里冒出了很多否定性的话语。直到有一天，对方邀请她看电影，她不敢相信这是真的，激动之余却坚决地拒绝了对方。随后,她看到对方在朋友圈发了一段悲伤的文字,女生知道和她的拒绝有关。她感动地流泪了,却还是不敢有所表示。

她为什么会拒绝一个自己喜欢的人?这其实和她的自尊状况有很大的关系。每个人对于自己的个人魅力、能力水平、受欢迎程度都会有潜在的自我评价,评价的结果取决于他幼时的经验、现实的条件、别人的态度(特别是幼时重要人物的态度)等的影响,这种对自我的评估可能高于或低于一个人的现实水平。

面对超出预估的情况,比如一个有演讲焦虑的人面对需要演讲的情景,或者一个自认普通的人突然被提拔到重要的位置,紧张与害怕是常见的心理反应,否认或逃避是人面对这些情况时常见的方式。比如,一个觉得自己成绩平平的人突然考了第一,他会认为是老师搞错了;当屡败屡战的范进中举之后,他甚至出现了短暂的心理崩溃。同样地,当一个远远超过预期条件的异性向你表白时,自卑的你会自动地选择逃避。

在两性选择时,由于预估作用潜移默化的影响,人们会去寻找那些与自己的条件类似的人,而不太敢(虽然内心渴望)去找那些明显比自己优秀的人。有些人会选择一个比自己优秀的人在一起,但往往会被内在的不安折磨,除非他的自我评价或外在的现实条件发生了改变。或者一个人与另一个远低于他预期的人在一起,往往会被一种后悔或不甘心的情绪所左右,除非在其他方面得到平衡。

同样的现象也会在亲密关系中呈现。一个幼时被父母冷落或抛弃的人，会内化这种关系模式，虽然他非常渴望得到安全幸福的关系，但同时又潜藏着对这种好关系的怀疑和对坏关系的忠诚（因为这更熟悉和易掌控）。当有一天他得到一段安全、关心、尊重的好关系时，他会觉得这是不会长久的，因为这远远超出了他预期的情况。于是他会逃离这种"可怕"的关系，或者采取矫枉过正的方式在关系里谨小慎微，却最终把一段好的关系变成了坏的关系。

一个女子从小生活在一个家庭关系非常不稳定的环境中，父母争吵、打架是家常便饭，父亲反复出轨，她很少有真正的安全感和温暖感。工作后，有个关系不错的男同事主动关心她，经常约她打球，在业务上也经常指导她。她觉得很幸福、很开心，感觉生活总算有了希望。但就在这个时候，她被一种强烈的自我怀疑所左右，她无法相信自己能拥有这样的关系，她害怕面对他，最终在一时冲动之下离职了。

当一个人被比她优秀的人表白，这也许意味着她低估了自己的价值，否则为什么一个优秀的人会向她表白？而一个人对自己价值的低估，也许来源于幼时重要人物的否定，这种否定会内化为习惯性的自我否定。所以我们会看到一些外在条件优秀的人，内在却严重缺乏自信，内心深处被否定的记忆使他们无法相信自己是足够好的，也会习惯性地拒绝和否认好关系的来临。

一谈恋爱就不安

一位女子描述了她谈恋爱时的状态:"什么事情都想向他汇报,什么事情都想和他商量,希望每分每秒都和他在一起。如果不在一起,就希望一直QQ或者微信聊天。他打游戏或者跟朋友出去玩我也会很难受,心情低落得不行。时不时地看手机,想看他有没有发消息,并且要克制自己给他发消息的冲动。我还时常觉得他已经不在乎我、不重视我了。"

她在没有谈恋爱之前,很多时候心情是不错的,但开始恋爱之后,整个人的状态发生了很大的变化,变得焦虑不安,如何理解这种心理变化呢?这涉及一个人的内在状态,即她是否有足够的安全感,以及对亲密关系的信任感。0—3岁的孩子需要完成的任务是处理好与抚养者的分离,内化一个稳定的客体影像。当一个婴儿经过无数次与母亲分离又重见的过程,他会有幸在记忆深处建立一个稳定的客体影像。这时,他拥有了安全感,能够忍受母亲离开时的焦虑,因为他确信:母亲只是离开,并不是不要我了;我能够活下来,因为我心里已经有了好母亲。

因为这个阶段的创伤,有些人无法拥有安全感,没有在内心深处建立起稳定的爱的客体影像。这些人在没有亲密关系时也能通过工作或娱乐让自己心理平衡,一旦涉入亲密关系,记忆深处留存的分离恐惧就被活化了。就像这个女生在恋爱后出现的反应:什么事情都想向男朋友汇报,什么事情都想和他商量,希望每分每秒都和他在一起。如果不在一起,就希望一直QQ或者微信聊天……似乎在她的主观感觉里,一旦男朋友从她眼前消失就永远不在了,那种强迫性检查似乎是防御这种可能的方式。

要反复确认对方在不在,这种过度强烈的表现又会让我们猜测:她会不会有一种摧毁对方的愿望?这似乎有点不可思议——那么害怕分离,为什么还会摧毁对方?但是,爱的反复受挫,会让人产生强烈的憎恨,憎恨到诅咒那个缺席的人。好像内心在说:"你不是不来陪我吗?那你就消失吧,我再也不想见到你!"但内心强烈的依赖需要又担心这种诅咒真的会成为现实。我们知道,当一个人说"你消失吧",他更多的只是一种情绪化的表达,而不是真的想要这样的结果。

这种情况在孩子身上也同样如此,每当妈妈不回家,不接电话时,孩子便会产生强烈的焦虑,这种焦虑可能有两个来源:一是害怕失去母亲,二是担心潜在的摧毁愿望成为现实。正是因为潜意识里有一种强烈的摧毁对方的愿望,而超我[①]又会对

[①] 超我对自我进行观察、批评、监督、反思,力图使自我不断追求完美与至善。超我不仅包含道德良心部分,还包括理想自我,即个体渴望达到的理想目标。

此进行惩罚，所以他们会非常容易内疚。为了防御内疚，孩子在面对母亲时会显得小心翼翼或过度讨好，时刻关注母亲的表情和态度。

这种情况怎么改变？从心理咨询的角度来说，一般要做较长时间的心理咨询，效果才会慢慢显现。在咨询中，那种分离的焦虑会再一次活化，但这种活化现在有了处理的机会。通过咨询师同理性的理解，对负面情感的容纳和诠释，那些恐惧的、散乱的心理成分逐渐变得凝聚。当咨询师在来访者的负性移情中一次又一次地"存活"下来，咨询师会作为一个稳定的爱的客体被来访者慢慢内化，此时，来访者内在的心理结构有了改变，忍受焦虑的能力增强了，内疚感也就减弱了。

对恋爱和性感到羞耻

一个女孩从小就是大人眼里的乖乖女，听话又懂事，但经常被灌输不能早恋的思想。这些过度严厉的性教育导致她一直觉得谈恋爱的女孩都是叛逆少女。上大学后，妈妈几次暗示她可以找个男生交往，但每次都会加一句：要保持贞操。现在她已经22岁了，身边的女性朋友都陆续脱单了，但她还是单身。她渐渐觉得，没谈过恋爱是件羞耻的事。

性是成年人很重要的一部分，每个成年人都有责任让自己变得"性感"。有些女孩之所以长得好看却少有人追，可能是因为自动屏蔽了性吸引的信息，比如不把自己打扮得漂亮一些，不去主动和异性搭讪，不以吸引异性的方式表现自己等。有些女生无法接受自己是一个有性吸引力的人，她们对性总有内心的冲突：一方面渴望，另一方面害怕。她们会矫枉过正地把一些与异性之间正常的谈话当成"勾引""勾搭"，并避之不及。一个女孩如果羞于呈现自己的性吸引力，往往会错失一些恋爱的机会。

我们需要先了解性的心理发展阶段。如果深入观察，也许你会发现，儿童并不是没有性愿望，恰恰相反，儿童的性愿望是强烈且原始的。但文化通过父母打压了儿童原始的性追求，儿童逐渐习得对性的压抑。比如，一个10岁的少年看到电视上正在演接吻戏时，马上闭上了眼睛，因为他通过教育获知这是小孩子不应该看的东西。在青春期性发育之后，性的需求增强了，但儿童期建立起来的性压抑并不会自动地退出舞台。青少年的烦恼很重要的部分是对性的烦恼：一方面出现了强烈的性需求，另一方面觉得性很罪恶。

有些不恰当的教育方式会过度压抑孩子的性探索。比如，妈妈反复提醒女儿换衣服要拉上窗帘，当女儿忘记拉窗帘时，妈妈就会严厉地责备。虽然女儿只有七八岁，但妈妈过度严厉的态度无形中让女儿形成了性是可怕的观念。

一定程度的性压抑也许是需要的，文明也是在性压抑的基础上，将性能量升华运用于生产建设而逐步建立起来的，对原始性欲的压抑也有助于性满足走向更社会化的方式。但对性过度压抑的态度是不利的，既会影响一个人的幸福感，也会影响一个人人格的活跃度。从儿童到成人，需要解除在童年阶段形成的性压抑，克服俄狄浦斯情结的不良影响，找到合适的性满足对象并享受性关系，这是人们要完成的心理发展任务。

虽然当今社会对性更开放了，但人们依然把享受性看作一件羞耻的事情。这种羞耻感在女性中更加常见，女性一旦想到或感觉到对性的渴望，更容易担心旁人的嘲笑或者唤起内心的指责。正因为对性压抑的态度，在女性中性冷淡者并不少见。

其实，有保护的和道德范畴内的性行为是完全可以享受的，这对于主观幸福感的提升很有帮助。对性压抑的治疗需要驱除各种阻碍性体验的恐惧与厌恶，方法是集中于身体的感受，允许自己充分地享受性。这种真实的性体验由于长期受到保守性观念的约束而被屏蔽了，那么在性治疗的过程中便要重新感受它们。

通过聚焦身体感觉，充分解除性快感的诸多压抑性元素，也能让一个人更敢于追求快乐、表达自己。所以，性压抑的解除，除了对性本身的益处之外，还能够由此改变一个人对于生活的僵化态度。

成长建议：维持亲密关系的要点

正如本章某篇文章中所写的，一段亲密关系能否长久，关键在于如何消化与处理关系中的负性体验，以及主动培养关系中的积极体验。如果负性体验能够被谈论和接纳，伴侣关系中的积极体验自然会占上风，关系便能不断继续下去。如果这些负性体验无法被谈论和接纳，那么吵架、出轨、离婚等就在所难免了。

一般来说，如果能做到以下几点，就能较好地处理负性体验。

1. 把对方当成一个独立的个体，而不是你所希望的人

在爱的关系中，我们会希望对方符合内在的好男人或好女人的形象。这种渴望源于幼时幻想中的好关系，但这种渴望会成为彼此之间冲突的源泉。在爱的关系中，我们也容易把对方当成自己的延伸，而不愿意面对对方是一个不同于自己的独立个体。成熟的恋爱关系的一个前提条件是完成与幼时客体的分离，撤出非理性的自恋幻想，面对现实。这个过程会伴随着哀悼的感觉，即体验到所爱的人并不是你所期望的那样时的失落。

记得多年前我曾旁观一位资深咨询师的现场咨询，来访者是一位因为对妻子不满而徘徊于离婚边缘的男子。该男子谈到对妻子的不满，觉得妻子不贴心又懒惰，和自己的母亲相比差得太远。男子越说越激动，这时，咨询师突然打断他说话，直接反馈道："但是，你并不需要有两个妈妈。"这一反馈让该男子一下子怔住了，他又一次不得不面对妻子与母亲之间的不同。在一段爱的关系中，我们需要不断地认识对方，尊重彼此的差异。

2. 能开诚布公地说出自己的想法

很多人不善于谈论关系中的负性体验，生怕表达负性体验会让关系变糟，这种对负性体验的压制会埋下隔阂、误解、怨恨的种子，积攒到一定程度，便会以强烈的、破坏性的爆发得以表达。其实，负性体验的交流，能够化解关系中的误解和猜疑，更能确立彼此爱的关系。所以，如果你对关系中的对方有了负面的体验，要能适时地说出来。

在一次冲突之后，女生B向她的男朋友大胆地表达了自己想要的关系，她把自己曾经在这段恋爱关系中受到的误解、伤心之处都表达了出来，并把自己对男朋友的期待明确地说了出来。这次坦诚的交流之后，她发现男朋友对她热情多了，彼此之间的不和谐也少了很多。

3. 避免过激言行

在情绪主导下的过激言行可能导致关系中的创伤经历，成为无法痊愈的关系伤口。当你觉得可能会出现过激的言行时，

有几个简单的办法:

暂时离开。离开那个可能让你情绪失控的现场,能让你的情绪迅速平复。

深呼吸。做一下深呼吸,叹一口气,愤怒能得到有效的缓解。

数数法。告诉自己从1数到10之后再行动,短暂的停顿能让你不至于被情绪冲昏头脑。

在情绪可控的情况下,表达你的负性体验,是关系走向健康发展的正确做法。另外,除了努力解决亲密关系中的负性体验之外,我们还需要积极培养亲密关系中的积极体验,以下是一些参考方法。

1.学会倾听

倾听是每个人都该下功夫学习的。倾听意味着搁置自身的情感和需要,把注意力完全放在对方身上,用心体会说话人的情感和需要,并适当地回应。正如斯科特·派克在《少有人走的路》一书中指出的,用心倾听是一件虽然辛苦但有丰富回报的活动,能充分增进关系中的理解和信任,达到心心相印的境界。

2.创造更多积极的体验,具体包括

(1)更多的积极互动。比如微笑、触摸、赞美等。减少消极互动，如讥讽、羞辱、冷漠等。在成功的婚姻关系中，积极互动与消极互动的比例至少为5：1。

（2）经常一起休闲。利用节假日的时间，创造两人相处的机会，可以一起做喜欢的事情，比如旅游、散步、看演出、看电影等。

（3）腾出时间表达自己的观点。比如，每天留出半小时的时间，两人一起唠唠嗑，在不带评价性的倾听氛围下，营造"在一起"的感觉。

（4）主动维系关系。关系是一种构建物，如果没有得到维持和改善，有可能会随着时间而消退。所以，要有维护好关系的责任感与主动意识，而不是被动地等待对方来完成。

亲密关系伴随着正面与负面的体验，我们无法消除亲密关系中的对立、误解和冲突，但重要的是不去逃避、否认问题的存在，而是建设性地表达、面对和解决问题。同时，主动创造关系中的积极体验，伴侣双方一起推动关系的深入与成长。

第三章

情绪情感

我经常会在"知乎"上看到这样的提问:"心理咨询师面对来访者的一些负面情绪时,会不会觉得很压抑?接受了很多这种情绪,会不会很痛苦?咨询师会不会被来访者的消极情绪压垮?"每当看到这样的问题,我心里就会偷偷一笑。我知道提问者可能对心理咨询似懂非懂,并不了解咨询师真正的苦恼。这些问题其实反映了人们对负面情绪拒绝、排斥的态度,而人们对待情绪的态度会影响情绪本身。

很多人被糟糕的情绪折磨,抑郁、焦虑、沮丧、羞愧、侵入性思维及伴随的痛苦,甚至有自伤与自杀冲动等。糟糕的情绪会严重地抑制一个人的自我功能,影响学业、工作、关系处理的能力,还会严重干扰日常生活习惯。比如,由于严重的抑郁情绪,有的人甚至不能起床,只能痛苦而无助地躺在床上;由于严重的焦虑情绪,有的人频频被惊恐的体验所折磨,一种随时都会失去控制的恐惧让他们无法安心学习或工作。由于糟糕情绪的阻碍,很多人迫切想要消除情绪,并陷入与负面情绪的长期斗争之中。

情绪的状态与成长过程中父母本身的情绪状态以及抚养方式有很大的关系。父母自身与情绪的良好关系有助于孩子情绪的丰富和对情绪的接纳。如果父母自身的情绪状态是负面情绪为主，情绪容器功能不足，对情绪体验受限，会导致孩子情绪发展方面的问题。如果缺乏足够情绪容器功能的人成了父亲或母亲，孩子会被迫成为其情绪的容器。在双重情绪压力下，没有充分自主性的孩子往往容易出现心理问题。在很多受到情绪困扰的来访者身上，我们往往会发现敏感易怒、情感冷漠、缺乏共情能力的父母，因此情绪的问题同样存在代际的传承。

  本章首先讲述了情绪的体验与表达、情绪的管理和调节方面的问题，然后介绍了几种常见的负面情绪，如愤怒、羞耻、无助感、社交恐惧、厌世的原因及应对方法，接着分析了一些常见的情绪问题，如害怕情绪、难以放下糟糕的往事、侵入性思维及伴随的焦虑、喜欢沉浸在负面情绪中、对快乐体验的阻碍的心理动力学原因及改善建议。情绪是认识自己的窗口，通过不断地认识情绪，改变与情绪的关系，提升情绪调节的能力，一个人就能建设性地转化负面情绪，提高积极情绪的比例，最终成为一个在情绪上更为灵活与丰富的人。

情绪体验与表达方面的问题

心理咨询师经常会询问来访者的感受，这可能会让刚接触心理咨询的来访者不太习惯。那么，为什么心理咨询那么注重对感受的觉察？情感是人真实的部分，而由于文化或家庭的消极影响，人与情感之间的距离变得远了，无法被体验与表达的情感往往是身心症状形成的重要原因。通过情感的探索，重新拉近与感受的距离，困扰的症状就能逐渐缓解，幸福感也能得到提升，这是心理咨询见效的原理之一。

情绪、情感是人的重要部分，它和内心需要的满足情况息息相关。当需要满足时，人会体验到积极的情感；当需要受挫时，人会体验到消极的情感，因此，我们可以通过对情绪的觉察去认识自己那些未被满足的需要。一个人格成熟的人，能够体验丰富的情感，他与内心需要的关系很和谐；而一个人格不成熟的人，只能体验笼统的情感，或者对某些情感的体验受阻，这意味着他与自身的需要之间距离较远，甚至迷失了真实的自我。

为了看看你的情感丰富性如何，我们先来做一个小测试。假设你意外发现伴侣出轨了，此时的你会体验到哪些情感……（暂停3分钟）如果你能够写出10种以上的情感，那意味着你的情感很丰富。如果你只能写出5种以下的情感，那么也许你的情感体验是受限的（仅供参考）。

情感是人或动物最原始的体验，情感的顺畅与否，对身心健康有着关键性的影响。在很多被心理症状困扰的人身上，我们能发现一个共同的特点：他们在情感的体验与表达方面出现了问题。如果我们聚焦于情感的体验和表达，症状或痛苦的缓解就有了可能；如果情感的体验与表达出现了问题，压抑的情感就会以心理症状的形式表达出来。

一、情感体验方面的问题

情感体验主要包括两个方面：一是情感的识别，二是情感的命名。情感产生时，往往伴随着一些舒服的或不舒服的感受，如果你去识别一下这些感受，并用语言进行命名，便是情感体验。

人对于情感的体验能力并不是随着年龄的增加而自动获得的，而是需要得到他人的反馈、回应和确认。当婴儿一种模糊的情感得到母亲的准确回应，婴儿的情感分化能力得到提升，情感与言语之间的联系建立起来，婴儿就能逐渐地用言语去命名情绪，进行情感交流。恰当的情感互动环境有助于情感的分化和识别，发展出对情感的接受性态度。情感匮乏或情感过度刺激的环境会阻碍情感分化和识别能力的发展，并发展出对情感排斥、拒绝甚至害怕的态度。

我们想象一个婴儿刚吃完奶，心情很好，手舞足蹈。他朝妈妈微笑着，发出眼神的、表情的、声音的信号，渴望一种人性化的回应。如果他遇到一个抑郁的或者情感空洞的母亲，这种快乐的情感没有被母亲共情地回应，婴儿会受挫，高兴很快地消失了，留下困惑和不安的感受。同样地，当他痛苦时，他试图通过表情的、声音的、身体的信号向母亲求助，但抑郁或情感空洞的母亲面无表情地回应着婴儿，焦虑的母亲则惊慌失措地反应过度，那么，这些痛苦可能会转化为强烈的恐慌，或者变成一种麻木的状态。

在这样的环境下，婴儿可能不得不通过心理防御机制来保护自己，尽量把情感压抑下去，隔离出去，分裂开来，久而久之，对情感变得陌生而疏远。情感更多地停留在原始的、身体的层面上，无法与语言形成良好的联结。这些无法被识别和命令的情感，往往会转化为抑郁、焦虑的状态，一些永远无法想明白的问题，或者长期存在的生理问题。

在前面的例子中，当婴儿发出高兴的信号，妈妈觉察到孩子的高兴，自然地以表情、声音、身体动作恰到好处地回应婴儿，那么，一种情感互动产生了，一种安全又温暖的关系被体验到，这会成为婴儿的内在安全基地。这个安全基地有利于情感的进一步分化和识别。同样地，当婴儿发出痛苦的信号，妈妈敏感地觉察到孩子的痛苦，以语言来命名孩子的痛苦，比如"宝宝想妈妈了吗？""宝宝被吓了一跳吧？"，然后尝试着做些安抚以缓解孩子的痛苦。慢慢地，语言与情感之间的通路被良好地建立和发展起来，婴儿就不会害怕自己的痛苦情感，因为他知道，通过命名和回应，痛苦能够被安抚，不会持续太久。痛苦缓解之后，这些被抚慰的记忆就留了下来，逐渐地，来自妈妈的安抚被他内化，他具备了自我安抚的能力。

二、情感表达方面的问题

有些人情感的体验能力还是不错的，比如，他们能够敏感地识别他人的情感，也能够对各种情绪进行命名，但是他们不善于表达情感，因为他们有很多情感表达方面的不合理信念，常见的有：

1. 认为表达情感是弱小的表现

竞争的压力、文化中的病态信念让一些人尽量屏蔽情感，所以他们对情感采取对抗的态度，对脆弱的情感产生强烈的羞耻感，尽量把情感压抑下去，或者转移给别人，总是与情绪处于斗争状态。其实，以一种合理的方式表达情感，不但不弱小，而且是内心强大的表现。

2. 担心表达了情感，会让对方知道自己的软肋

这往往是对他人缺乏信任以及对自己缺乏自信的表现。如果一个人对他人是信任的，也许他会愿意让对方知道他的情感，并以此拉近关系，他不太会有那种羞耻或贬低的顾虑。如果一个人相信自己有足够的力量保护自己，就不会担心这种情况发生。信任与自信的态度有利于情感的表达。

3. 害怕情感表达时会失控

一些过度压抑情感的人，生怕一表达情感，自己就会处于

失控状态，比如大打出手，甚至杀人。于是，这些人越害怕失控，越压抑情感；越压抑情感，越担心失控，形成恶性循环。这种情况就像那些有演讲恐惧的人，总是担心自己演讲时会紧张得说不出话来，越这样担心，越害怕上台。相反地，如果一次次面对演讲的过程，这种恐惧就可能越来越弱。因此，害怕情绪失控的人，应该鼓励自己去表达情绪，越敢于表达自己的情绪，失控的担心就会越少。

4.一些过度追求男性气质的人，往往会错误地把表达情感等同于女性气质

有些男性有着成为男人方面的压力，时刻要与情感表达划清界限，以避免"不够男人"。那些不会向伴侣送花、送礼物，不会用甜言蜜语哄伴侣开心，在关系冲突时不会妥协或认错的男子，往往有这方面的问题。什么时候他们学会了情感表达，他们的亲密关系质量就会提升，人格魅力也会大大增加。

情感表达受到阻碍会有什么影响？由于情感能量无法被有效地释放，他们内在充满着张力，这种张力会导致一些心理症状，如强迫观念、睡眠障碍、焦虑心境、惊恐发作、行为抑制等。如果有机会把压抑的情感表达出来，形成有效的情感沟通，他们的症状往往会减轻很多。所以，情感表达能力的提升往往伴随着关系的改善和身心状态的协调。我们会在本章的结尾分享如何提升情感体验与情感表达方面的建议。

情绪管理的两种水平

一位幼时经常目睹父母争吵的人自问:"为什么我的父母总是在争吵?"她无法理解,明明是一件小事,她的父母却可以吵上大半天,严重时甚至从白天吵到深夜。在成长的过程中,她时不时地被父母的争吵所惊吓。从情绪的角度来看,这对夫妻的情绪管理能力有着很大的问题。

每个人都有情绪,但对于情绪的态度和表达方式却存在着明显的差异,总体来说,分为高低两种管理水平。高水平的情绪管理者具备充分的情绪容纳力以及成熟的情绪表达方式,而低水平的情绪管理者则不具备。低水平的情绪管理方式的目的是发泄情绪,而高水平的情绪管理方式的目的主要是和解关系。因此,高水平的情绪管理方式有助于关系中的冲突和矛盾得到建设性的解决,低水平的情绪管理方式不但解决不了问题,还会激化问题。

歇斯底里地发泄、不顾及对方感受地辱骂,或者直接动手,这些低水平的情绪宣泄是很过瘾,但代价是对关系的破坏。心智的成熟伴随着情绪容纳能力的提升——能允许愤怒、委屈、恐惧、焦虑存在,去体验和表达它们,而不一定非要将其排除在外，并逐渐健全情绪表达的能力——从低水平的情绪宣泄，进入有礼有节的情绪表达。高水平的情绪管理是关系稳定的重要保障。

先来说一说情绪容纳能力。情绪容纳能力强的人，很大程度上可以靠自我调节来消化负面情绪，方法包括思考、表达、转移、运动等，除此之外，必要时也会寻求他人的帮助，如倾诉、安慰等。由于内在情绪容量充沛，对于负面情绪，他们具有充分的容纳空间。情绪容纳力薄弱的人，他们内心的情绪状态就像一个高压锅炉，加一点气压就可能爆炸，因此，一旦有委屈、焦虑、害怕、恐惧等负面情绪，就可能产生一种快要崩溃的恐惧。

"我们真正需要恐惧的是恐惧本身"，这句话颇符合这类人的心理特点。由于成长过程中缺少帮他们理解和消化负面情绪的人，甚至他们自己成了父母的情绪容器，缺少足够的心理空间去容纳负面情绪。当出现负面情绪时，他们拼命地想要摆脱情绪，而不是去接纳、消化或转化情绪。

因为内心缺少处理负面情绪的空间，他们很难靠自己来调节情绪，一般需要别人帮他们调节。好一点的人会通过不断向别人倾诉来平复情绪（有些人在负面情绪状态下特别需要周围有人陪伴），差一点的人则一定要付诸行动（与别人大吵一架或大打出手）才能平息，有些人还会通过伤害自己的身体来缓解痛苦。强迫性依赖别人来调节情绪，容易制造关系中的剧烈冲突；通过伤害自己的身体来调节情绪，是一种容易留下身体伤害的糟糕方式。

由于缺少对负面情绪的容纳能力，有些低水平的情绪管理者还会以投射的方式来摆脱情绪，导致关系的对立。一个高中生与她的室友经常会因为生活习惯的不同产生冲突。如果室友说话声太大干扰了她的学习，或者室友熄灯晚影响了她的休息，她都会产生强烈的愤怒，只有施加报复才能平息。她可能会故意大声说话，故意放很响的音乐，故意在寝室里大声打电话，甚至有时和室友发生肢体冲突。室友们对她敢怒不敢言，生怕得罪她，直到最后几个人联合起来将她赶出寝室。

这个愤愤不平的高中生总是对别人的行为做敌意的解读，而忽略了可能是生活习惯不同而产生的差异。这种敌意解读来源于她内在愤怒的投射，由于这种投射的存在，她无法接受更合理的解释，因此，她只能用"以其人之道，还治其人之身"的方式来报复。在他人看来，这个人太以自我为中心，太充满攻击性了，而在她自己看来，她是一个到处被人刁难的委屈者，因此一定要施加报复。

仅具备对负面情绪的容纳力还不够，我们还要学会建设性地表达情绪，成熟的情绪表达方式与情绪容纳力是相辅相成的。

情绪表达能力好的人在与对方产生冲突时，一般是先礼后兵，尽量以非破坏性的方式表达情绪，争取化解矛盾，缓解冲突。既表达了情绪，又不欺负对方，实在不行才会进入肢体冲突层面，而且往往是有节制的。就像两个拳手对垒，只是在规则范围内攻击，绝不会突破规则。情绪容纳力薄弱的人在表达情绪时（特别是愤怒情绪）往往会被一种破坏性的敌意所主导。在敌意的控制之下，这些人充满着剥削性和自私性，往往会做出伤害自己和他人的事情。但在他们的主观意识里，自己反倒是被人剥削的受害者。

怎样消解负面情绪？一种方法是增加对自己的觉察。通过自我分析或者心理咨询师的反馈，觉察那些被忽略或合理化的负面情绪，只要理性的光辉照耀到内心的阴暗面，它们便有机会得到建设性的引导。如果没有理性的认识，未觉察的负面情绪（主要是敌意）便成为合理化攻击和自我攻击的源泉，关系中的冲突将不断地以受害者的姿态被制造出来。另一种方法是一段良好关系的内化。当一个人的负面情绪被充分地接纳与理解之后，他理解和消化自身负面情绪的能力便会不断得到提升，此时，随着情绪容器功能的增强，建设性的情绪表达能力就能更多地呈现。

忍受焦虑的能力，以及背后的自体整合程度

在很多有心理障碍的人身上，我们往往能发现一个共同的特点，即他们缺乏一种容忍焦虑的能力。他们似乎有一种完美主义的倾向，比如，学习时不容许一知半解的情况存在，一定

要强求理解；微信留言没有被回复时，出现强烈的不满和愤怒；当别人欠着自己钱时，总是念念不忘，纠结于对方不还该怎么办；遇到困难时，迫切想要获得解决问题的方法；等等。他们会因为睡不好、头晕、状态不佳而惴惴不安，总想彻底解决问题。有些人还会纠结于职业发展，总想找到最适合自己的职业方向，哪怕为此浪费大量的时间。他们抱有的信念是：一步错，步步错。

当听他们讲自己的故事时，你经常会有这样的印象：他们似乎走在一片布满地雷的危险区域，需要小心翼翼地前进，一旦有所偏离，就会有生命危险。像契诃夫小说《装在套子里的人》中的"守法良民"别里科夫那样，他们的生活中充满着条条框框，不能有任何差池，一切都需要按部就班地进行，否则就会有危险。但现实生活中，或大或小的变化或偏离无处不在，于是，他们时刻生活在因为安全框架被打破而产生的焦虑之中。

是什么导致他们容忍焦虑能力的欠缺？如果去深入探索，他们在幼时的成长经历中，往往有一个焦虑不安或者有强迫人格特点的父母。他们的父母同样欠缺焦虑容忍力，当孩子出现身体不适、哭闹、生病、害怕等负面状态时，这些父母不像心理健康的父母那样淡定而温暖地安抚孩子，而是唤起他们自身的焦虑和恐慌。于是，孩子的痛苦得不到安抚，反而内化了父母的焦虑。过度焦虑的孩子试图用回避或对抗的方式去解决焦虑，反而陷入与焦虑的斗争之中。

就像房间里的灰尘，它们是无处不在的，永远无法被清理干净，我们需要做的仅仅是减少它们，而不是彻底消灭它们。焦虑者发展出了偏执的理念，渴望完全消除焦虑，结果却陷入持久的焦虑之中，这可谓心理上的悖论。

对焦虑缺乏容忍力的人，往往会以分裂的方式去处理无法整合的自体中的糟糕部分。这些糟糕的自体会被投射到别人身上，留下好的自体部分，因此，他们往往是挑剔的、不满的。当进入一段关系，选择某个专业或者一份职业，加入一个团体，他们往往会发现很多不满意的地方，或一些令他们讨厌的人，他们为此焦虑不安或者愤愤不平，并想要远离。所以，他们的关系往往是不稳定的，职业上的投入是不够的（经常换工作或者只是混日子），对娱乐的投入一般也是不够的（没有稳定持久的娱乐爱好）。由于自体还没有很好地整合，他们难以稳定地投入某一活动、关系、职业之中。

给这些来访者做咨询时，他们经常会对咨询有很多不满，常见的抱怨是：看不到效果，进展太慢，咨询师不够厉害，咨询师太冷漠，等等。通过贬低咨询（师），他们把自体中糟糕的部分投射出来。咨询师如果有一种认同的压力，真的会有"我不够好""咨询确实不太有帮助""你应该去选择一个比我更好的咨询师"的想法，然后会逐渐怀疑从事这份工作的价值。

对于来访者的贬低和怀疑，咨询师重要的态度是不着急、不放弃，也不通过攻击把责任推给对方，而是容忍和理解这些负面体验。咨询师理解性的态度会慢慢被来访者内化，他们会逐渐发展出一种不着急解决问题的能力。这相当于在提升他们的焦虑承受力，并帮助他们进行自体整合。他们会逐渐领悟到，所谓糟糕的东西，并没有想象中那么可怕，他们可以允许别人有这一部分，也可以允许自己身上有这一部分。

当有足够的焦虑承受力之后，未解决、未知的情况所唤起的焦虑会在可控的范围内，那么，这些未解决的问题可能会变成由潜意识来解决的内容，直到有一天，突然产生顿悟和改变。因此，不紧不慢的态度是更有利于成长的态度。

分享一下我自己的例子。作为一个精神分析取向的咨询师，我一直有一个职业发展方面的困惑：我要不要努力成为IPA（国际精神分析协会）的分析师；或者，我要不要专注于某个子流派，比如克莱因流派、温尼科特流派，或者主体间性流派等，成为该领域的核心成员。所以，当有人问我是精神分析哪个流派的，我往往有些压力，要么回答"就是精神分析，并没有特别的流派"，或者说"经典吧，我个人更喜欢弗洛伊德"。提问者往往会有些不满意的表情，好像我不够专业似的。

我知道，从现实层面来说，成为IPA的分析师，或者成为某个子流派的核心成员，对于我的职业发展是有利的，但由于年龄和个性的特点，我并不想那么做，所以这个问题迟迟没有进展。这部分成为我职业发展中一直没有解决的问题，也成为我未解决的心理冲突之一。

今天在看书时，问题的答案突然冒了出来：我并不需要成为多么厉害的精神分析师，或者成为精神分析某一流派的代言人，我需要的只是找到适合自己的位置。我现在找到的位置是：我只要有足够的来访者，通过咨询获得收入，并不断地思考与创作。我不太可能成为某流派的开创者或者著名的精神分析大师，我只是一个精神分析取向的心理咨询师，并愿意吸收精神分析内部不同流派以及其他心理咨询流派的正确思想与方法。我做自己想做的事情，并通过我的服务与努力给来访者最好的帮助，能够从中获得快乐、价值就行了。

这让我认识到，我们的心灵有不同的层次，有些困惑并不需要立马解决，它们会进入潜意识的层面继续运作着，直到解决的那一刻。当缺乏焦虑容忍力的人慢慢习得"让子弹飞一会儿"的能力和习惯，不再陷入因为焦虑而焦虑的恶性循环，他们更能得到潜意识的帮助。

同样的问题如果出现在一个焦虑者身上会怎么样？他可能会不断思考这个问题，一定要找到答案，否则无法进入下一阶段。他可能会为了进入IPA努力但又放弃，或者加入某个子流派但又退出，反反复复，无法进入正常的工作或生活。他的理念可能是：我一定要先把这个问题解决了，否则，走错了路，一切都是零。由于这个糟糕的理念，他们会让生活陷入纠结之中。

真正的原因并不是方向到底对不对（虽然这是一个问题），而是容忍焦虑的能力，以及背后自体整合的程度。有了人格上足够的整合，焦虑容忍力自然就能提升，此时，未解决的问题可以交给你的潜意识去处理，你也更能体验到潜意识的力量。在意识与潜意识的交互摆动中，会有问题解决的那一刻；或者，即使问题没有解决，也允许它存在，就像对待房间里的灰尘那样。

社交恐惧的形成过程及应对思路

这是一位有社交恐惧的网友的提问："独自一人在路上时，好像有很多人在看我，这使得我动作特别拘束，但又在努力装出很自然的样子，和一两个朋友一起走的时候会好很多。在班里上课时，只要不是坐在最后一排，我都会特别注意形象，因为后面、旁边的人看黑板时会看到我，在别人的心中要保持完美的形象，但太拘束了。"

恐惧症的发展，往往会经历两个阶段。在第一个阶段，他们恐惧的是内心的愿望。比如社交恐惧症者最初在面对他人时出现了紧张反应，是因为害怕别人会看穿他那些见不得人的愿望（往往和性有关）；幽闭恐惧症者第一次在封闭的环境下出现了指向自己或者他人的强烈的伤害性冲动，这些可怕的冲动会让他们出现焦虑发作。在第二个阶段，由于害怕再次体验焦虑发作时的痛苦，以及把这些反应附上社会文化的标签（比如丢脸或缺乏男子气概），他们会习惯性地回避这些情景。

所以，无论是社交恐惧症、幽闭恐惧症，还是恐高症等，对于处于第二个阶段的恐惧症患者来说，他们真正恐惧的并不是外界的人或环境（虽然表面上是这样），而是恐惧发作时的生理反应以及伴随的恐惧体验。曾经在某个情景中体验到恐惧发作时那种失控的、痛苦的情感，为了不再重复体验这些情感以及和这些反应相联系的感觉，他们采取了回避的方式。而回避是恐惧症患者习惯性的自我保护方式，这种方式让他们失去了减缓恐惧的机会。

那么，怎样克服社交恐惧症呢？

首先，恐惧症的克服，脱敏很关键，而脱敏的过程是一个反复暴露于所害怕情景的过程，随着每一次暴露，焦虑反应会逐渐减轻，慢慢达到自己可以掌控的程度。此时，逐渐进入正反馈的过程，每一次社交都会增加那些愉悦的体验，使一个人的社交自信越来越强。所以，对于社交恐惧症患者，心理咨询师一般会鼓励他们勇敢面对所害怕的情景，逐渐建立克服恐惧的信心。当然，脱敏需要一个过程，最好循序渐进地进行。

其次，用一些认知重建的技术来更好地平复焦虑。在令你紧张的场合，你不妨留意一下当时心里的想法，试着把它们记录下来，然后分析这些想法的不合理之处，再用合理的想法来替代，往往是那些糟糕至极或自我否定的想法加重了焦虑反应。

比如，在即将和一个异性交谈时，你冒出了一个想法："完了，待会儿肯定会脸红的，那多难看！"这个想法让你变得战战兢兢。事后你把这个想法记录下来，然后再分析这个想法的不合理之处，比如有一种糟糕至极的错误，把脸红或紧张看成可怕的事件，给脸红赋予弱者的标签等，事实上面对异性时出现脸红或紧张在很多人看来是可爱的表现，脸红与是不是弱者并无太大关系。然后，你试着找出更加合理的想法，并重复这些想法，下次再面对同样的情景时，这些合理的想法会自动出现，让你不至于过分紧张。

腹式呼吸是一个非常好的应对紧张的方法，很多恐惧症者忽视了这个克服紧张的窍门。在紧张时，心跳会加快，肌肉会紧绷，呼吸会变浅，这种状态更容易使体内导致紧张反应的物质增加。而通过缓慢又充分的腹式呼吸，打破了紧张反应的正反馈，让体内的紧张因子不至于达到焦虑发作的程度，可以真正起到四两拨千斤的作用。

另外，在恐惧的状态下，强烈的身体反应会吸引人的注意并试图控制它，而这种注意与控制身体反应恰恰增强了焦虑的身体反应，因此有必要将注意力从内部转向外部。有一个比较好的方法是去描述外部的事物。比如，刚好眼前有一幅画，那么你便开始描述它："这是一幅画，画中有四种颜色，分别是……这幅画里的内容，有山、树……"这种描述很好地将注意力转向外界，减少对身体状态的关注。当你与人聊天并感到紧张时，试着把注意力放在聊天的内容上，而不去关注紧张的反应。

最后，恐惧症患者要发展一种能力，即坦然面对和忍受焦虑的能力，不要把焦虑看作可怕的信号。恐惧症患者由于经历过强烈的恐惧发作，往往会把正常的焦虑反应当成恐惧发作的征兆，以致过分敏感或者试图完全压制焦虑反应。一个没有恐惧发作体验的人不会对平常的焦虑反应过分敏感，但一个有恐惧发作体验的人往往会把这些正常的焦虑反应当成恐惧发作的信号。恐惧症患者需要重新认识这些焦虑反应，以接纳和坦然的态度面对焦虑，把它们当成朋友或资源，而不是敌人。

为什么会有厌世的情绪

如果一个人找不到生命的意义，经常感到空虚、无聊、绝望，难免会产生厌世的情绪，极端时会选择自杀。一个20多岁的年轻人，因为找不到生命的意义而自杀，在自杀前，他进行了数年的深思熟虑，试图通过思辨去论证生命到底有没有意义。反复思考的结果是生命没有意义，最终他以自杀的方式结束了自己的生命。

"生命有没有意义？"这是一个哲学问题，也是一个心理学问题。精神分析师奥托·科恩伯格认为，当一个人内在"有一个整合的自体，以及与整合的他人（内部客体）的联系，使得一个人不管时间和环境的变迁始终存在一种连续感。这种连续感使个体感受到归属于人类关系网的感觉，并确保体验到生命的意义"。在他看来，生命的意义来源于与他人的联结感。当因为各种原因（比如强烈的创伤），"内化的自体与客体之间的联结受到威胁，使得自体产生了一种被内部客体抛弃的感觉，或者自体与客体都在丧失的感觉，那么个体便会体验到强烈的痛苦，其中，空虚感、无意义感、无聊、对孤独的体验与应对能力的消失，是主要的内容"。

简单地说，当个体与他人存在着稳定的情感联系，那么他会产生一种整体感、连续感、意义感；反之，当这种情感联系被中断，或受到威胁，整体感、连续感消失了（自我认同的混乱），意义感受到威胁（联结感丧失），此时，个体会感受到强烈的痛苦，其中空虚是主要的体验。

前述那个年轻人，成长在一个不稳定的家庭里，父母因为经商经常早出晚归，他被不同的保姆抚养，而且在他很小的时候父母便离了婚，之后他寄住在不同的亲戚家。我们可以发现，在成长过程中，他和别人的情感联结总是被打断，因此他内在可能缺少稳定而持久的自体与客体的联结。他努力寻找生命的意义，试图通过理智化的思考去找到生命的意义，这是他在试图与内部客体建立一种情感联结的尝试，只可惜这种单方面的探索没有成功。

空虚的感觉是非常痛苦的，为了逃避这种痛苦，有些人会进行各种各样的狂热活动，比如磕药、酗酒，或者通过性、攻击、食物和强迫性的活动来缓解内在的空虚体验。有些人已经被这种空虚感所吞没，过着一种行尸走肉般的生活，情感被抑制和模糊化，现实感减弱，整天无精打采地游荡着。

根据奥托·科恩伯格的观点，四种人经常会有空虚的体验。第一种是精神病性人格者，他们内在的自体与客体是割裂的，因此他们无法与他人形成爱的、恨的、温柔的、渴望的、哀伤的关系，无法体验到这些情感，"他们就像来自其他星球的个体，旁观着这个星球上人们的生活和故事"。由于他们总是受到空虚感的左右，他们对空虚的痛苦感反而不如第四种抑郁人格者那样强烈，因为后者大部分情况下能与别人形成紧密的情感联结，当他们因为苛刻超我的作用与周围人失去情感联结时，空虚的体验会特别强烈。给精神病性人格者做心理咨询工作时，治疗师会感觉自己在面对一个没有生气的、空洞的、非人的存在，无法体验到正常交往时常有的情感联结。

第二种是自恋型人格者，他们内在有整合的自体与客体，只是因为病理性地夸大自体的影响，使自体与客体之间的联结被暂时中断了。这些人把爱投注于自身，而很少投注于他人，因此难以与他人形成情感联结，难以体会到他人的情感。他们只对被人赞赏和崇拜感兴趣，渴望不断地夸大自己，并持续地贬低内在的或外在的客体。当他们得到这种夸大的满足时，会产生短暂的意义感，但这些夸大满足消失之后，他们便会被空虚和无聊所控制。奥托·科恩伯格描述这些人："他们的世界像一座监狱，只有刺激、崇拜、征服、胜利和源源不断的补给才能逃离这座监狱。"

第三种是边缘型人格者。这些人由于自我认同的混乱，也会经常体验到空虚感，但不像前两者那样普遍。因为他们会通过在外部制造一些敌人并与之战斗，有效防御内在的空虚感，得到一种活着的感觉，而一旦敌人消失，他们也会频繁受到空虚感的左右。制造外在敌人这种防御方式，也被自恋型人格者与精神病性人格者不自觉地使用，以防御深层的空虚感。

第四种是抑郁型人格者或神经症性的抑郁者。他们的自我认同是持久且稳定的，自体与客体之间的联结也是稳定的，他们能深切地感受到对方的情感，对文学或影视作品中的人物产生情感认同。他们不像前三种人格，持久地被空虚感所左右，他们只是间断性地产生空虚感。当产生空虚感时，他们与别人（或内部客体）的联结中断了，会觉得别人是疏远的、隔离的、无生命的，他们对自己的感觉也是如此，因此对生命的意义感消失了，对未来的希望也消失了。他们觉得没有什么事值得追求，没有人值得爱，也没有人会爱他们。我们深入探索会发现，这些人被一种无意识的内疚感所控制，这种内疚感来源于他们苛刻的超我的责备。在超我的打压之下，他们觉得自己是不可爱的，是应该被抛弃的对象，他们只能孤独地活着，但在内心深处，他们渴望与他人的联结。

如何应对空虚感？从上述分析中我们会发现，关键是建立与他人的情感联结。从治疗的角度来说，由于四种人格空虚背后的原因是不一样的，所以应采取不同的措施。对于精神病性人格者和边缘型人格者来说，在移情关系下，通过治疗师的参与，将病人内在的部分客体、部分自体慢慢地整合在一起（通过修通原始防御的操作，对治疗情景下空虚感与分裂感的忍受、觉察和解释），并逐渐形成自体与客体的情感联结。对于自恋型人格者来说，当他们的原始自恋被充分地理解、回应，逐渐地减缓其能量，那么被原始自恋所覆盖的自体与客体之间的联结，与他人的情感联结便能建立起来。对于抑郁型人格者或神经症性抑郁者，他们的自体与客体之间的联结是稳定的，只是因为严厉超我的苛责而阻碍了这种联结。因此，当超我变得柔和，自我与超我之间的关系变得更为平等之后，便能重新体验到本身存在的自体与客体的联结。

人的根本属性是社会性，如何在现实生活中与他人建立有意义的关系，是一个人需要考虑的问题。那个自杀的年轻人面对空虚时只是局限于哲学的思考是不够的，这可能是对于建立关系的逃避。如果他允许别人走进内心，重建对人的信任感，当情感联结被建立起来，也许不至于走上绝路。当把关系建立过程中的阻碍充分移除之后，人的天然的情感联结就会浮现出来，便能得到一段持久而稳定的关系。此时，整体感、连续感、意义感都被持久地体验到，自然不会再有空虚感、无意义感和厌世的情绪。

为什么会害怕情绪

有些人会害怕自身的情绪。比如有些抑郁康复者,当感觉自己又有抑郁体验时,就会害怕再次得抑郁症;惊恐障碍的患者,当恐惧的生理感觉产生时,也会害怕再次惊恐发作;社交焦虑的人害怕体验到社交情境下的焦虑情绪,并为此做很多的准备;内在有强烈攻击冲动的人,害怕自己会情绪失控而伤人;有自杀冲动的人,害怕在高楼的自己会控制不住跳下去。

人格健全又心理稳定的人一般不会过度害怕自己的情绪,他们和情绪的关系很友好,痛苦时能面对并调整痛苦,快乐时也能享受快乐。他们也不会害怕自己的冲动,因为他们总能找到合适的途径去满足或替代满足,也能忍受冲动或需要的延迟满足。人格健全者有充分的内在安抚性客体,这个客体让他们与自身的情绪或冲动能友好相处。

那么,为什么有些人会害怕自己的情绪(冲动)呢?这涉及人对于情绪或冲动的容纳能力的心理发展,由于发展上的缺失,这些人缺乏稳定可靠的内在安抚性客体。

精神分析家琼·里维埃形象地描述了一个受挫婴儿的状态:"当他被欲望和愤怒折磨时,伴随着难以控制的、憋气的尖叫和痛苦的、强烈的被抽空的感觉，他感到他的整个世界只有苦难；同时，整个世界也是充满血泪、被撕裂和备受折磨的。"如果此时出现了具有回应性的母亲，能够充分理解和回应孩子的需要、痛苦，那么，受挫时总能伴随着及时的满足，婴儿对于受挫就不会那么恐惧了，由于受挫而唤起的敌意也不会那么强烈。即使这种受挫的体验再次出现，那种记忆里的满足体验也可以充分地安抚那种痛苦，这是内在安抚性客体的作用。相反地，如果遇到一个缺乏回应性的环境，或者环境中有太多的恶性刺激，婴儿便会不断地被那种强烈的痛苦所吞没，成为一个痛苦又愤愤不平的婴儿。这个婴儿将经常体验到被消极情绪所吞没，或者通过各种防御机制去避免体验到这些可怕的情感。

由此看来，一个人之所以会害怕自己的情绪（冲动），往往来源于幼时回应的缺乏，这让他们的受挫体验特别强烈，并会由此伴随大量的敌意。这种敌意既会指向自己，也会指向他人，无论指向何处，结果都是可怕的。

一个大学男生产生了强烈的想杀死同伴的愿望（因为同伴的一些指责和要求），他很害怕自己真的会这么做，为此非常痛苦。有一次，他和另一个好友吞吞吐吐地说了这种恐惧，没想到朋友并没有责备他，而是共情地说"很正常啊，我有时愤怒时也恨不得杀了那个可恨的人"。这是他难得遇到的情绪被接纳的时刻（在成长过程中，他的负面情绪很少被父母接纳），他感觉到了极大的释放，这种回应让他暂时不那么害怕自己的攻击冲动。

我们来看另一个极端的例子，就是2017年2月18日发生的武汉砍人事件。一个22岁的小伙子，因为饭店老板的一句言语污辱"我说几块钱一碗就几块钱一碗，吃不起你就不要吃"，以及污辱性的掐脖子行为而心理崩溃，冲动之下把对方砍死了，场面非常血腥。

在这件事情发生前，我相信两人内在的敌意都很强烈，强烈到只要有一定的刺激（在这种争吵的情景下），这种敌意就会被大量地释放。而他们之所以有那么多敌意，往往是因为生活中缺乏能够回应或安抚他们的人（现在的或幼时的）。如果幼时能够有安抚性的人，他们将具有足够的情绪容纳力，能够冷静地处理好这种冲突，不至于被冲昏了头脑。如果现在有安抚性的人，也许他们内在的敌意就不会那么强烈。

任何一次爱的回应，都是消解恨的良药。如果当时现场能够有人充满温情地安抚两人中的一个，也许能让敌意迅速瓦解，事件不至于发展到如此程度。至今我还记得大概10多年前，我和一位商店老板发生了激烈的冲突（因为我发现对方存在明显的欺诈行为），年轻气盛又郁郁寡欢的我和他大吵起来，我能明显感觉到血脉贲张，分分钟就要动手。就在那一刻，我听到旁边一个劝架的人在我身边轻声地说"算了，算了"，就是这温和的声音，让我迅速冷静下来。虽然我已经记不清那个中年男人的样貌，但一直记得那个声音，当我想起那个声音，就能让我感受到一丝温暖，并对他有一点感激。如果当时不是一个温和的劝架者，而是一个不断鼓动我动手的人，也许我会在破坏性情绪作用下做出过激的行为。

抑郁者之所以害怕抑郁，是因为那是一种深深的无助感，一种孤独的、绝望的、无力的情景，是缺乏回应性的冷酷状态。如果他有了回应，他愿意去接受回应，那么，抑郁便不再那么可怕了：在回应性的情景下，抑郁会慢慢消失。惊恐障碍患者之所以害怕惊恐体验，也是因为惊恐时周围没有人帮助，只能靠自己默默忍受。如果身边有了可以依赖的人，惊恐就不再令人恐惧和无助了。同样地，社交焦虑的人，如果自己的焦虑体验是能够被对方接纳的，或者自己能够接纳这种焦虑体验，那么，焦虑也就不再那么可怕了。

所以，核心在于，情绪能不能被周围人回应和接纳，以及内在有没有形成安抚性客体。如果心理发展的任务已经完成（有了安抚性的客体），周围又有回应性的环境（两者往往相辅相成），那么消极情绪（敌意、恐惧、愤怒等）将不再可怕。消极情绪就像天气一样，会有自然的变化，我们需要做的仅仅是知道它的存在，顺其自然。消极情绪也不是不可控制的，而是能用合适的方式去表达。同样地，我们对积极情绪也不再感到愧疚、害怕或执着，而是能够去体验它、感受它、允许它，并接纳它的消失。

在心理咨询过程中，心理咨询师会充当来访者的安抚性客体，给予来访者充分的回应、尊重和理解。直到这种品质被来访者有效地内化，修通了心理发展上的缺陷，具备了与情绪和谐相处的能力。在第十几次咨询后，一位来访者在情绪特别低落时会在脑海中浮现出一幅画面："一个很冷的下雨天,在山脚下有一栋房子,房子很温暖,有暖光灯,有篝火。屋子里还有另一个自己,他在安慰着我。"很冷的下雨天里的一栋房子,象征来访者孤独凄凉的内在状态,这是他以前时不时会出现的状态。每当这种状态出现,他会很害怕和无助,甚至被自杀的念头所占据。屋子里面的暖光灯和篝火,以及另一个安慰性的自己,这也许是咨询师,或者身边那些温暖对待他的人的内在投射,这种内在投射的安抚性形象极大地缓解了来访者对情绪低落的恐惧,让他不再那么孤独,自杀的念头也消失了。

为什么别人的不回应让人痛苦

这是一位网友的困惑："最近深陷一种怪圈,别人在QQ上回复慢了,或者干脆无视,或者简单地回复'哦、嗯'之类的,或者仅仅是一个表情,表示无语的省略号等,我都会产生'对方讨厌我,对我所说的话不感兴趣,觉得无语'的想法,然后很焦虑。就算问对方'你是不是讨厌我'并得到否定的回答,我还是很焦虑。这是为什么?"

心理学家詹姆斯在《心理学原理》一书中曾经有过关于回应的精彩阐述："如果可行,对一个人最残忍的惩罚莫过于此:给他自由，让他在社会上逍遥，却又视之无物，不给他丝毫的关注。当他出现时，其他的人甚至不愿稍稍侧身示意；当他讲话时，无人回应，也无人在意他的任何举止。如果我们周围每个人见到我们时都熟视无睹，忽略我们的存在，过不了多久，我们心里就会充满愤怒，我们就能感觉到一种强烈而又莫名的绝望，相对这种折磨，残酷的体罚将变成一种解脱。"

也许你有过这样的体验：当你在讲一个不太有把握的故事或段子时，如果听者表现出明显的兴趣，比如开始微笑，扬起眉毛，发出感兴趣的眼神，听者这些积极的回应会让你一下子充满自信，结果讲得非常好。相反地，你很有信心地讲着，但听者一片漠然，或者干脆低头不看你，那么你本来的信心可能会荡然无存，唤起强烈的焦虑与怀疑。

我们来看一看人为什么那么需要回应。我们设想一个婴儿，因为肚子饿而大哭，他着急地想吃奶以缓解生理上的紧张。此时，会有两种可能出现的情况。一种情况是母亲及时出现了，婴儿吃奶后焦虑马上得到了缓解，体验到愉悦的情绪。此时，他觉得母亲是好的，他也是好的，这种积极的经验有助于形成良好的自体感和对外界他人的信任感。第二种情况是母亲迟迟不出现，或者母亲有时出现，有时不出现，婴儿频频处于需要受挫的状态，并感到强烈的焦虑、不安和愤怒。此时，他可能对母亲投射了敌意，他会觉得母亲是坏的、可恶的、折磨人的；同时，他会觉得自己是糟糕的、坏的、令人讨厌的。这些消极经验便形成了婴儿糟糕的自体感以及对外界他人的怀疑与敌意。关于这方面的认识，婴儿并不能清晰地分析，这些心理过程更多地发生在潜意识幻想的层面。

1岁时的哺育经历和相关的体验构成了一个人与他人关系的原型，这便是内在的依恋关系模型①。我刚才以哺育的经历阐述了一个人的依恋关系，影响依恋关系质量的因素中，除了母亲是否及时出现之外，抚养者对婴儿的态度，抚养者的人格状态和情绪状态，抚养者是否稳定等也是非常重要的因素。在这些方面出了问题的婴儿很有可能出现依恋关系的问题。我们来看一位心理咨询师在观察婴儿时记录的例子：

"乔乔在保姆的怀里，吸着奶嘴。保姆坐在床边，把孩子的脸冲外面抱着……乔乔的眼睛看着窗外，并没有吸吮，好像无声地抗拒着奶瓶。我注意到她脸上有些疹子。这是我第一次看到她脸上有疹子，主要长在额头部位，眼皮上也有一些。我想，这些疹子和内在的压力有关吗？保姆一边替乔乔擦干唇边的口水，一边说：'老师阿姨又来看你啦，她待的时间比我长。'乔乔特别安静。我知道这个保姆签了3个月的合同。她问我：'你要来看这个孩子多长时间？''两年。'我回答她。'哦，那么长时间啊。我这个星期天就走了。'我非常惊讶。她解释说家里有急事，待不到3个月了。"（见《婴儿观察：中国第一个

---

① 依恋是指婴儿与其照顾者（一般为母亲）之间存在的一种特殊的感情关系，它产生于婴儿与其父母的相互作用过程中，是一种感情上的联结和纽带。幼时形成的依恋关系建构了婴儿终生人际关系的"内部工作模型"。

Tavistock模式婴儿观察小组的分享》)

据该文记载,这个孩子在出生后的两年时间里换了6个保姆!我们可以想象一下这个婴儿的痛苦——在两年的时间里被抛弃了5次!即使一个自我健全的成年人也难以经受这样的打击(谁能经历两年时间里分手5次!),何况是一个自我功能不健全的婴儿。我想起一个令我印象深刻的大学生,他的眼睛总是睁得大大的,眼神里似乎充满着警惕与恐惧。通过访谈我了解到,在他幼时的成长经历中,也被换过好几个保姆,我不免猜测他的眼神是不是在一次又一次地面对陌生保姆时形成的,那种面对陌生人的恐惧与警惕甚至变成了一种身体语言。

一个内化了不安全依恋关系的人,需要的受挫往往会唤醒婴儿期留存的创伤体验,并对外界的他人产生愤怒,对自己产生怀疑,这是内在不安全依恋在当下的活化。电话不接、微信不回、QQ不回复、对方语气平淡或表情冷漠……所有那些没有回应或回应不够的情景,都会勾起那些焦虑体验和负性认知,比如这位网友说的"对方讨厌我,厌烦我,对我说的话不感兴趣"。

婴儿期缺乏回应对人的影响不仅局限于心理方面,也表现为对生理健康、社会化发展的消极影响。心理学家Spitz观察了在孤儿院中长大的孩子,这些孩子是在3—12个月时被他们的妈妈抛弃的,被安置在一个大房子里,与其他至少7个婴儿一起由一个护士看护。不像与妈妈分离以前那样高兴和随和,在这里他们哭泣、退缩、体重减轻,而且很难入睡。如果婴儿认识的养育者不能代替婴儿的母亲，婴儿的抑郁就会迅速严重起来。这个研究还发现，没有被充分回应的婴儿死亡率大大高于被正常抚养的婴儿。

有人曾对44名小偷的生活史进行研究，发现这些小偷在5岁前经历过6个月以上分离的有17人。心理学家约翰·鲍比继续研究回应缺失对婴儿成长的影响，提出了"母爱剥夺理论"，发现母爱剥夺对婴儿的智力发育、情感发展、人际关系、大脑成熟等均有不利的影响，具体表现在以下三个方面。

对儿童智力的影响：在婴儿时期，母亲对婴儿的需求做出迅速、敏感的反应，能刺激婴儿更主动、更积极地探索世界，从而促进智力的发育。温馨的家庭心理环境和愉快的情绪，对下丘脑内调节生长激素释放的机构有着神奇的刺激作用，使它源源不断地分泌"生长激素释放激素"，促使生长激素释放增加，使孩子们能健康地成长。被剥夺母爱的儿童由于经常得不到母亲的爱抚，导致皮肤"饥饿"，长期下去就会影响食欲、营养不良，甚至智力衰退。严重者还会得剥夺性侏儒症：一些由于家庭破裂或不和睦而生活在恶劣的家庭情感环境中、缺乏母爱的孩子，即使有足够的营养，身高仍然不见增长。

对儿童社会性发展的影响：对于长期缺失母爱的孩子，他们的焦虑和恐惧感由于得不到母亲及时的平复而会持续相当长的时间，由此逐渐形成情感隔离、压抑的防御机制，出现"述情障碍"，形成无情感的性格。如果孩子感到被剥夺、被抛弃，那么有可能为今后的不信任埋下伏笔，这些人无法与他人形成持久稳定的情感联结，缺少人际交往的技巧，也会让周围人不喜欢他们。相反地，母亲提供适当的言语教导、具体示范，给孩子观察模仿的行为榜样，提供反馈、评价，为其创造练习、实践的机会，这些都有利于孩子社会化的发展。

母爱剥夺的神经生物学效应：对新生大鼠母婴分离后正常饲养的实验发现，对母爱剥夺组与非剥夺组成鼠分别予以慢性应激，母爱剥夺组引起自发活动的总路程与周边路程减少，休息时间增加，并伴有抑郁行为。母爱剥夺对空间记忆、情绪记忆、海马神经再生机制、应激事件易感性等都有不利影响。

正因为积极回应对人具有如此重要的生理、心理与社会意义，因此，如果你成为父亲或母亲，一定要尽可能地给予孩子及时且有效的回应，这会有利于孩子发展出安全型依恋，发展对周围人的信任感与爱的联结，并感到强烈的自信。同样地，你在与周围人相处时，也要经常以言语或身体语言回应他人。每一次点头、微笑、眼神反馈、身体接触、及时回复、认真倾听，每一次对别人情感的准确理解，都是在给予他人心灵的养料，对方会因此感到爱和温暖。

为什么难以放下糟糕的往事

这是一位网友的困惑:"我有时候会想到一些不好的事情(例如悲观的、恐怖的),但往往越要控制自己不去想,反而会越想越多,越陷越深。应该怎么缓解和克服这种情况?"

由某段经历引起的消极情绪会时不时地冒出来,有时候已经好了,但有时候又会重复出现,导致这种情况的原因是该经历所产生的强烈情感并未被完全处理。当一个人生活顺利或状态良好时,那些消极情绪被打包扔在一边,而一旦遇到触发的情况(比如突然想到,或者别人谈到相关的事情),那些消极情绪便又冒出来。这便是所谓的"情结",情结的内部是那些没有被消化的情感。

触发的情景一下子释放了那些曾经被包裹起来的消极情绪,这种机制与创伤反应的发生、发展是一致的。有严重心理创伤的患者会反复地闯入性回忆创伤事件,或者反复梦到创伤事件,这令创伤病人非常痛苦,但这也是心理系统试图将那些消极情绪充分约束起来的工作。经过反复多次之后,那些强烈的情绪暂时被约束起来,但在触发的情景下,那些消极情绪又会冒出来。在创伤的病理学中有一种周年反应,指的是在创伤事件发生后的一年、两年或几年后的同一时间前后，出现创伤发生时的情绪反应（程度会有所减轻）。创伤病人也会因为外界的触发点而出现创伤状态下的情绪反应，这些反应是那些被约束起来的情绪重新释放所致，也是再一次处理的过程。通过反复多次的处理，创伤反应才会慢慢减轻。

为了更有利于心理情结的消散，我们还需要改变对情绪的态度：疏导而非压抑。那些让人恐怖或纠结的事件之所以会不断出现在人的意识里，是因为这些事件背后的情绪能量没有机会宣泄，这些情绪能量正如波涛汹涌的洪水一样，时刻想要冲破意识的阻拦。一个人如果试图将它们压抑下去，相当于一种堵塞的方式，于是，被压抑的能量与实施压抑的自我之间展开了斗争。如果自我能量被大量地消耗在这场斗争中，会导致日常生活中的效率降低，一个人也许会沉溺在内心的斗争中无法自拔。

情绪的疏导是心理咨询起效的因素之一。当你能够谈论那些令你害怕或纠结的事件，并得到倾听与理解，在这个过程中，情绪能量得到了宣泄，由情绪所决定的负面想法自然会减少。每个人都有过类似的体验，当你把某件难以启齿的事件说出来并得到理解之后，那些一直纠结你的忧虑就不见了。

从这个意义来讲，我们不能奢谈放下。每个人都希望能够放下，特别是那些令人痛苦的事件。比如，对于沉溺于失恋痛苦中的人来说，特别想快点结束这种混乱的状态，重新恢复平静的心情。但为什么放不下呢？是你意志力不够坚定，还是你不够坚强？这是很多人在放不下时常有的自我怀疑。其实，能否放下和坚强或意志力关系不大，而与那些未被表达的情绪能量有关。因此，要做到真正放下，首先得表达，没有表达的放下会很艰难。当你把失恋之后的痛苦彻底表达与消化之后，那个曾经让你思念或憎恨的人就慢慢随风而逝了。

我们还应当发展出一种与情绪相处的习惯。每当有负面情绪时，不妨觉察这种情绪，以及脑海里浮现的想法、情绪的感受、身体的知觉，与这些情绪在一起，全然地体验它们。这种全新的接纳与体验负面情绪的态度，反倒能减少因为对抗而产生的附加焦虑。这些负面情绪在得到流畅的体验和疏导之后，自然会平息下去。

除了上述接纳与体验负面情绪的态度之外，对于过度的焦虑与抑郁，我们可以通过运动来减缓。运动是天然的镇静剂，比如那种能够扩大肺活量的、让人全身出汗的有氧运动，是很能减缓负面情绪的。运动这种心理处方，与所有的药物处方一样，需要持久地进行之后方能见效。最好能够保持每周三四次，每次半个小时以上的有氧运动，运动的形式包括慢跑、快走、爬山等，坚持一个月以上往往会有明显的身体状态的改变。而身心是相互作用的，身体状况、生活方式的改变，自然能够带来积极的心理变化。

为什么会有侵入性思维

侵入性思维并不罕见，大部分人都有，我自己也不例外。就在几天前，当我站在九楼往下看时，突然产生了会不会跳下去的想法，当时，这种想法是那么真实，以至于我很害怕真的会那么做。当我在课堂上提到这个话题时，很多学生也都迫不及待地举起手，分享自身的侵入性思维。

在临床上，有些人深受侵入性思维的困扰。一个30多岁刚刚学会驾驶的女子，听说"小悦悦事件"之后就不敢开车上路了，她生怕开车时不小心把一个孩子给撞死了，发展到后面甚至不敢走夜路了，走路时要不断地左顾右盼，生怕撞到小孩。一个强迫症患者每当停好自行车想要离开时，就会冒出"车锁好了吗？"的侵入性念头，并努力回忆车锁好的画面，但无法清晰地回忆起来，最后只好回头去检查。另一个强迫症患者不断地被"我是不是同性恋"这个念头所困扰，想要摆脱却欲罢不能。

如果分析一下侵入性思维的特征，往往和两个因素有关，一是关于伤害的主题，包括伤害别人或伤害自己。前者包括看到尖刀就想扎人，骑车时想撞倒别人，在安静的教室里突然想骂人，看到老人就想把他推倒在地……就像一位网友所分享的"在高速公路驾车行驶时突然想猛打方向盘、拉手刹，站在高处时突然想义无反顾地跳下去，想触电，想摁压锐器"。二是与性有关的主题，比如和异性聊天时不自主地冒出与性有关的画面，以及其他变态性满足的念头或画面。这些与性冲动有关的侵入性思维往往让人感到羞耻，生怕真的做出这些变态行为，并为此感到自我厌恶。伤害的冲动与性冲动可以结合起来，变成一些具有施虐性质的侵入性思维，比如冒出用刀去割女性的生殖器的画面等。

产后抑郁的母亲经常会冒出伤害婴儿的念头，比如把婴儿扔到地板上，淹死婴儿，刺伤婴儿……这些念头是那么可怕，母亲们害怕和人分享，深以为耻，而这又会加剧她们的抑郁。一些有宗教信仰的人也会受到侵入性思维的困扰，比如在宗教仪式进行过程中说出亵渎性的话语或进行破坏性的活动等，这些念头让他们觉得自己很罪恶（详见维基百科：Intrusive thought）。

为什么会出现这些侵入性思维？弗洛伊德的人格结构理论提供了一种理解的视角。弗洛伊德认为人的本我包括一些受到压抑的冲动和记忆，其主要包括两种来源，一是与性有关的冲动或记忆，二是与攻击有关的冲动或记忆。这些本我的内容由于不被社会所允许，一般会被压抑下去，不过它们不会乖乖就范，而是会一直寻求突破的途径。在某些情景下，这些冲动会突破压抑的屏障，产生侵入性的思维，这其实就是受到压抑的性冲动或攻击的冲动以一种幻想的形式得到了呈现。这就像在梦中频繁出现的与性、攻击、伤害有关的主题一样，是那些被压抑的冲动和记忆试图突破屏障的表现。

存在于本我中的各种冲动和记忆，往往具有破坏性和反社会的特征。只是这些反社会的冲动一般被人管理得很好，不会见诸行动。我们可以推测，成长过程中一个人越是被严厉地约束或限制，反社会的冲动就会越强烈。这会有助于理解那些被迫成为母亲或者被迫信教的人不断冒出的侵入性思维，以及一些个性压抑的强迫症患者的侵入性观念。普通人之所以会有侵入性思维，是因为社会普遍加之于人身上的压抑，虽然这种压抑具有建设性的作用，但毕竟有违人的动物性。

如何理解普通人与强迫症或焦虑症患者这方面的差异呢？这往往和一个人成长过程中受到的创伤，以及过度压抑的教育方式有关。创伤越多，攻击的冲动越强，所以那些充满报复或施虐性幻想的人，往往曾受到深层的伤害。压抑越多，人际关系越困难，生活中快乐满足的途径越少，难免让快乐满足的渠道转为更加原始的途径。而越是原始的方式，越容易被压抑，从而形成心理症状（比如大量的侵入性思维，无法自控的幻想等）。

一个男子开车时不小心跟对方擦了一下，他害怕和对方起冲突，既没有道歉也没有说明，想匆匆地离开。对方觉得不爽，在背后用侮辱性的言语骂了一句，他仍然不敢回嘴，而是径直开走了。事后，他特别担心对方会找上门来，虽然两人根本不认识。他不断地冒出对方可能报复他的种种做法，惶恐不安地过了几个星期后才慢慢放松下来。在这个例子中，这个男生习惯性地压抑愤怒，即使被人伤害了也不敢反击。这些压抑下去的愤怒，也许会成为以后侵入性被报复想法的能量来源。如果他当时跟对方道个歉，或者当对方侮辱他时他能跳出来反击，也许这件事情会就此完结。

通过上述分析，作为一个受到压抑的社会人，不由自主地冒出侵入性想法是正常的。每当侵入性念头出现时，不去排斥它，而是接纳它，理解它，并相信自我保存的本能不会受到干扰。如果频繁冒出此类想法，以及由于这些想法导致强烈的痛苦，那么可能需要较长时间的心理咨询，逐渐地修复创伤，增加自我的功能，解除压抑，在关系中获得自主与掌控权，让停滞的心理得到成长。

为什么我喜欢沉浸在负面情绪中

一位网友有这样的习惯："明明知道这是负能量，却一遍一遍地体会当时的痛苦，沉浸在负面情绪中不愿走出来，有时还会有一种莫名熟悉的感觉。真不知道为什么会这样。"这种情况的原因是复杂的，我来谈谈可能的原因。

1. 对逝者的认同

我们知道，在有些场合，人是不能随便表现出开心的，最常见的是葬礼或重大事故发生的现场。因为在这种场合表现出开心是对逝者及其家人的不尊重，难免会令人愤怒。那些失去亲人的家庭成员，可能会长久地沉浸在负面情绪中。甚至当他们感到开心时，会有一种对不起去世之人的罪恶感。毕竟，人们通过沉浸于悲伤对逝者产生认同。我们可以看看鲁迅小说《祝福》中祥林嫂的例子：

"我真傻，真的，"她说，"我单知道雪天是野兽在深山里没有食吃，会到村里来；我不知道春天也会有。我一大早起来就开了门，拿小篮盛了一篮豆，叫我们的阿毛坐在门槛上剥豆去。他是很听话的孩子，我的话句句听；他就出去了。我就在屋后劈柴，淘米，米下了锅，打算蒸豆。我叫，'阿毛！'没有应。出去一看，只见豆撒得满地，没有我们的阿毛了。各处去一问，都没有。我急了，央人去寻去。直到下半天，几个人寻到山坳里，看见刺柴上挂着一只他的小鞋。大家都说，完了，怕是遭了狼了；再进去；果然，他躺在草窠里，肚里的五脏已经都给吃空了，可怜他手里还紧紧的捏着那只小篮呢……"她于是淌下眼泪来，声音也呜咽了。

阿毛被狼叼走后，祥林嫂一直活在痛苦中。悲伤也许成了祥林嫂的身份认同，她要通过不断地沉浸于悲伤来赎罪（她觉得是自己不小心导致了孩子死亡)。在现实生活中,那些无法走出哀伤的人,也可能进入抑郁状态。他们往往潜意识里认为自己对逝者的死有责任,或者为自己之前没有更好地与逝者相处而自责。于是他们选择性地觉知那些负性事件,习惯性地沉浸于负面情感并压抑快乐。

2.对抑郁的重要人物的认同

这个机制与对逝者认同的机制是类似的,区别在于认同的是一个现实存在的或幼时存在的人。比如,一个抑郁的母亲,整天愁眉苦脸地照料着孩子,在这样的母亲面前,孩子天然的快乐无法被共情地接纳,逐渐学会沉浸于痛苦中,认同这个抑郁的母亲。情绪的抑郁使孩子与母亲有了情感的联结,而开心则与母亲在不同的频道。对于年幼的孩子来说,忠诚于母亲是自然的选择,哪怕是忠诚于一个不快乐的母亲。

或者,一个父亲,为了家庭总是忙于事业,几乎没有时间陪伴孩子。孩子从小就被教育,父亲为了家庭在辛苦地工作,所以一定要好好学习,将来报答父亲。这些孩子在开心时,也会有罪恶感。逐渐地,像父亲那样的利他主义建立起来了,这些人愿意像父亲那样为了所爱的人付出,宁愿自己受苦受难。只可惜在这样的家庭里,人们都在为别人付出,却忽略了自己。

3.负面情感与快感

弗洛伊德指出,所有强烈的情感都有可能唤起性快感的体验。最直接的例子便是玩过山车或者蹦极,在巨大的恐惧中体验到强烈的快感,于是一些人乐此不疲地从事此类活动,有些人热衷于看恐怖电影也可能与此有关。在强烈的悲伤中,也会有满足的体验,这既可能是性的满足,也可能是一种情感的认同。在《祝福》一文中,我们也可以看到悲伤带来的满足:

这故事倒颇有效,男人听到这里,往往敛起笑容,没趣地走了开去;女人们却不独宽恕了她似的,脸上立刻改换了鄙薄的神气,还要陪出许多眼泪来。有些老女人没有在街头听到她的话,便特意寻来,要听她这一段悲惨的故事。直到她说到呜咽,她们也就一齐流下那停在眼角上的眼泪,叹息一番,满足地去了,一面还纷纷地评论着。

另外,快乐是应对痛苦的方式,所以很多人在焦虑、抑郁、悲伤时,会通过不断地吃(口欲的满足)、性行为,或者打游戏来应对痛苦。逐渐地,痛苦与这些快感满足的方式之间建立了条件反射,痛苦甚至成为快乐满足的条件性刺激。每当痛苦时,他们就有了充足的理由去放纵欲望的满足。

4.一种处理痛苦的方式

弗洛伊德提出了神经兴奋的约束机制理论。当挫折发生时(被拒绝、重要人物的丧失、暴力事件等),会有大量本来被约束起来的神经兴奋突破屏障,并伴随着强烈的痛苦感受。那么,神经系统的任务,便是重新将这些兴奋约束起来,一旦约束成功,神经系统就会重新恢复平衡。这个任务并不能迅速完成,而是需要经历一个反复的过程。所以一次又一次地沉浸于负面情绪，是神经系统试图约束神经兴奋的过程。在痛苦时，人会自我安慰、倾诉、运动、发泄等来约束兴奋。创伤病人还会不由自主地强迫性地重复体验到那种创伤情景，或者重复梦到创伤情景，这也是约束兴奋的操作。在无数次操作之后，那些脱缰的兴奋最终被约束起来，与此相伴的痛苦也便减弱了。

为什么幽默的人还会抑郁

生活中经常会有一些让人大跌眼镜的情况，比如以幽默诙谐的主持风格著称的崔永元曾长期受到抑郁及失眠的困扰，另外，英国喜剧大师憨豆先生、美国喜剧小说家马克·吐温也都得过抑郁症。这些情况不免让人产生这样的疑问：难道幽默的人更容易抑郁吗？我们需要来分析一下幽默与抑郁的关系。

第一种关系：幽默可以用来应对抑郁所代表的积极回应的缺失。

幽默是一种成熟的心理防御机制，在现实生活中，幽默的人往往能够赢得好感，得到关注。不过，幽默往往也用来防御一些消极情感，比如在聚会时大家喜欢开些玩笑，背后的一个重要原因是缓解相聚时的尴尬和紧张。

很多长期受到抑郁困扰的人内在往往有一个抑郁的儿童，这个婴儿形成于0—6岁缺少回应的环境，或者有一个抑郁无助的母亲，以及忽略情感的家庭。为了应对抑郁的体验，他们可能会不自觉地发展出幽默风趣的言行，以此填补时积极回应的缺失。

一位患者长期被空虚、孤独的情绪左右。每当他独处时，如果没有进行游戏等刺激性活动，他的心情就会慢慢消沉下去。抑郁成了他的一种基础性情绪，他时不时地会出现自杀的想法。不过，当他与别人待在一起时，他会流露出轻松幽默的一面，大家喜欢开他的玩笑，他也乐意和人开玩笑。这时，他的脸上总是洋溢着笑容，周围人看到他就很开心。

他有一个孤独的童年，父母忙于事业，在情感上忽略他。父母似乎不喜欢小孩子，经常以一种成年人的方式与他相处，他很早就被教育要独立、懂事，自己解决问题。因此，他早早地失去了一般孩子的天真和懵懂，成为一个小大人。慢慢地，聪明的他学会以一些比较有趣的方式吸引人的注意力，比如开些玩笑。他甚至会特别留意一些有趣的段子并讲给别人听，当大家关注他时，他就特别开心、有活力。

我们可以理解，他的幽默其实是用来对抗孤独与抑郁的，通过幽默风趣的言行，他得到了他人积极的回应，比如开心的表情、感兴趣的眼神、热情的声音等，这是他在童年的家庭环境中严重缺失的。因此，幽默是他自己找到的自我修复的方式，以缓解内在由于缺乏回应而形成的抑郁。

第二种关系：由于经常使用幽默来防御负面情绪，久而久之加重了抑郁心境。

由于长期被负面情绪左右，缺少可以表达负面情绪的环境，有些过多使用幽默的人，往往习惯性地压抑情绪，久而久之，这些人内在的负面情绪会积攒起来，形成持久的抑郁心境。这样就导致了一个尴尬的结果：一方面，他们习惯于用幽默来防御负面情感；另一方面，没有表达的负面情感让他们更加痛苦，于是，他们继续使用幽默的方式去防御情感。

一位抑郁症患者和她的父母都是很幽默的人，在与朋友一起聚会的场合总是笑话连篇，逗得大家笑个不停。但他们三人中的两人得过抑郁症，还有一个则是焦虑症。在家里，他们平常也是彼此互开玩笑，却从不表露负面情感。有一次她在父母面前提到内心的痛苦，父母相当紧张，以为发生了什么重大的事情，因为交流负面情感，是这个家庭所不习惯的。

如果去观察一些不会表达负面情感的家庭，你会发现，家庭中的成员或多或少有比较明显的负面情绪，有些还有困扰多年的心理症状。而一个情绪能得到合理表达的家庭往往洋溢着轻松和安全的氛围，成员之间的情感联结也很紧密。所以，如果过多使用幽默的防御机制去屏蔽负面情感而不是去体验与表达，久而久之会不利于心理健康。

因此，幽默是一把"双刃剑"，它既是一种成熟的心理品质，也可能对应着抑郁的心境以及习惯性压抑负面情感的态度。所以，当一个幽默风趣的人得了抑郁症，我们不需要太过惊讶，抑郁症让他们不得不面对真实的自己。如果他们能够更多地允许自己去体验和表达负面情绪，而不是一味地防御，也许能修复幼时的心理缺失并真正走出抑郁。

成长建议：培养情绪体验与表达的习惯

在大多数情绪抑郁、焦虑的来访者身上，我们可以看到情绪体验与表达方面的问题。随着情绪体验与表达能力的提升，一个人的积极情绪会逐渐增加，消极情绪会逐渐减少，困扰多年的心理症状也会逐渐消散。我们需要改变与情绪的关系，学会识别、命名、表达情绪。

一、提高情感体验的能力

当你有一些舒服或不舒服的体验时，或者当你感觉到可能有情绪产生时，试着注意这些感受，然后找到一个合适的词语来描述这些情感。是沮丧、焦虑、担忧、羞愧还是不安？如果对情感词不太熟悉，可以去查询情绪词汇表，寻找合适的情绪词。情感是身体发出的信号，对情感的命名是理性与感性之间的沟通，它会让你内心变得细腻，建立与自身更和谐的关系，培养对他人情感的敏感和理解，提升你的人格魅力。

心理咨询的过程会有助于情感的识别、命名能力的提升。心理咨询师经常问到的是："你的感受是什么？"咨询师也会对情感做出一些命名和解释，这便是在提升来访者这方面的能力。当心理咨询师能够以一个精确的词语描述来访者的某一情感时，来访者往往会有一种恍然大悟或者被理解的感觉。

二、培养表达情感的信念

情感表达的方式是多样的，除了语言之外，还有其他方式，比如表情、礼物、声音、仪式等。能够以合适的方式来表达情感的人往往充满着人格魅力。以下信念会有助于情感表达的增加：

情感表达是被允许的，这是尊重内在的表现；
情感是认识自己的途径，情感表达也有助于对方更好地认识自己；
将情感以被社会认可的方式表达出来，这是需要发展的能力；
情感的表达有助于关系的亲近，有助于误会的消除；
合理表达情感的人是充满人格魅力的人；
情感表达能缓解内心压力，提升幸福感……

随着一个人在日常生活中情感表达的增加，他能够逐渐体验到关系中的亲近与联结，与此相伴的是情绪上的稳定和负面情绪的消解。这种态度也会表现在对他人情感的尊重与理解上，由此提升人际关系的品质。

第四章

自　尊

自尊是个体对其社会角色进行自我评价的结果,这种自我评价受到周围人对其态度潜移默化的影响。每个人都会不断地经历被人比较的情况,社会通过这种比较的方式来约束个体,使人习得一定的规则,符合某些道德的要求,并驱使人不断地奋斗。分数、排名、职称、地位,直至金钱的多少、容貌的美丑、父母的经济地位等,人类的评价体系无时不刻不在运作着,这些比较的结果对一个人的自尊造成了决定性的影响。

自尊受损是在现实生活中经常发生的情况,每个人都需要具备自尊调节的能力,只是这种能力存在着明显的个体差异。有些人能越挫越勇,在面对挑战的过程中变得越来越自信;有些人在自尊受挫后失去了心理弹性并做出抱憾终生的事情,或者长久处于抑郁情绪中。当某个特点与自尊有关,在低自尊的作用下,往往会变成心理问题。弗洛伊德在区分哀悼与抑郁的不同时曾提到自尊困扰所带来的影响,他写道:"抑郁症指的是一种深刻痛楚的沮丧,让人弃止了对一切事物的兴趣,失去了爱的能力,不能做任何事情,甚至自尊降低到了一种自我责备、自我谩骂的程度,并且最终发展到幻想自己将会受到惩罚。"因此,自尊的稳定和健全能够充分避免心理问题的发生。

自尊问题与成长过程中父母对孩子的态度有很大的关系。如果孩子在成长过程中经常性地被忽略、歧视、虐待，成为家庭或学校的"异类"（因为一些生理的或社会的特征），都容易让一个人形成自尊敏感的状态，一遇到挫折就不断地自我否定。如果孩子总是得到一些过度的夸奖和不切实际的期望，他就容易形成对自我过高的期望和要求，导致强烈的自尊需求和过高的自我压力。自尊敏感既会让自己痛苦，也会让他人痛苦，与自尊敏感的人相处时，他人总是不断地体验到"我不如他"的压力，这是自尊敏感者处理"我不够好"的方式。相反地，如果成长过程中经常能得到父母的尊重与理解，并不断地接受适当的挑战，一个人就能形成稳定的高自尊状态。

本章首先讨论了爱自己、优越感、自信与自负、理想自我等与自尊有关的主题；其次分析了一些与自尊相关的问题，如自我怀疑、自我羞辱、经常与别人比较，以及低自尊所带来的病理性影响；最后详细分析了自卑者的心理特征以及解决思路。日趋稳定的自尊感会成为内在的安全基地，其对于关系的改善、负面情绪的调节、现实压力的解决均有积极的作用，可以不断为自我的发展提供建设性的支持。

自信和自负的区别

自信更多地建立在现实的基础上，而自负主要建立在非现实（虚幻）的基础上。正因为自负建立在虚幻的基础上，所以自负的人本质上是自卑的，按精神分析的说法，外在的自负只是一种"自恋性防御"，以一种虚幻的高自尊防御着内在的自卑。

每个人都有自卑的一面，自信者也不例外。自信者采取直面自卑的方式，通过挑战自我来不断提升自信，所以自信者被一种"自我提高的动机"驱使着，这种动机让他们不断地获得成功并感受到自信。自负者害怕直面自卑，他们在"好自我"与"坏自我"的整合上出现了问题，只想确认自己是好的、优秀的，逃避面对自己是糟糕的、不如人的，所以他们被一种"自我保护的动机"驱使着。他们要保护什么呢？保护自己弱的一面既不让人看到，也不让自己看到，因此他们很多时候活在自我欺骗里。

自负者与自卑者的不同在于，后者一味地沉浸在自卑的认同中，并害怕挑战自己，提升自我，对失败的强烈恐惧让他们压抑了自信与成功的需求，陷入自我保护的牢笼。自负者不肯面对自身的弱点，也害怕挑战自己（因为害怕确认自己弱的一面）。他们把自身糟糕的一面投射到其他人或物上，通过这样的心理操作，认为糟糕的不是自己，而是外在的人或物。

一个大学生讨厌自己所在的学校，讨厌学校里的同学，觉得学校不入流，周围的同学不上进，他耻于和他们交往，生怕周围人影响自己。他本可以考入更好的学校，因为高考发挥失常而不得不屈就于现在的大学，这可谓他的重大失败。他潜意识里害怕面对这个失败，害怕承认那个失败的自己，逐渐产生了对所在学校及同学的讨厌，这种讨厌来源于他无法整合的"坏自我"的投射。

当一个人把一种自己的缺点放在外在的人或物上时，内在的张力就得到了缓解，通过批评外在的人或物，他又能满足一种虚幻的自恋，这可谓一举两得的操作，只可惜这也是一种自欺欺人的做法。自负的人往往看不起别人，背后恰恰是因为他们无法接纳自己。和自负者相处时，周围人经常会承受一种被贬低的压力，自负者需要通过打压别人来维护自尊。

精神分析家南希·麦克威廉斯认为，自负者最害怕突然丧失自尊，有时候他们会觉得自己一无是处，摒弃一贯的自命不凡的态度。为了维护自恋性完美的形象，他们会有隐晦的回避表现。比如，他们会竭力否认懊悔和感激的态度，因为对失误的懊悔相当于承认自己的失败，而感激他人意味着表明自己的软弱。自负者可能希望成为无欲无求的"超人",因此常常担心承认依赖和内疚会暴露自己无法接受的真实。他们极度害怕暴露缺陷,因此十分擅长文过饰非。

为什么自负者会形成这样的心理机制?在孩子的成长过程中,孩子可以成为父母自恋的延伸,即父母会把自身的自恋需要放在孩子身上,希望通过孩子的成就来得到满足。"望子成龙、望女成凤"是父母普遍的心理,特别是孩子越小时(意味着不确定性越大),父母越容易对孩子有这种自恋渴望,区别在于程度的不同。自恋的父母一味地想塑造孩子以满足自己的需要,缺乏对孩子的理解和尊重,忽略孩子的需要,导致孩子逐渐形成"虚假的自体",即孩子在学习被父母接受过程中所形成的自我部分——只有我是成功的、优秀的,父母才会爱我。健康的父母能尊重和欣赏孩子本身,为孩子的成长而欣喜,能够宽容孩子的缺点,因此孩子能自由地成长。

所以,自负者在成长过程中,由于父母养育方式的问题,习得了承认失败是可怕的信念。为了保护自己,他们发明了投射性指责的心理防御方式。自负者如果要成长,关键是去整合自身糟糕的一面,认识它、承认它、接纳它。承认失败不但不可怕,而且是内心强大的表现。自负者要真正体认到自己逃避问题的方式,学会尊重现实,并用建设性的态度改变现实,不断地积累"好自我"的感觉。当自负者的内在状态有所改变,"好自我"与"坏自我"充分整合起来,那么他们对周围人或物的态度也会有所改变,感激和欣赏的态度自然会出现,从而改善与周围人的关系。

到底什么才是"爱自己"

"爱自己"可谓一个令人困惑的话题。大多数时候，人最爱的就是自己，比如脚臭者把别人熏得半死，但自己却能接受，因为那是他自己的味道。人们对自己的东西总会有特殊的偏爱，对别人的则会排斥。但在很多情况下，人们也很讨厌自己："我太自私了""我的缺点很多，优点一个也没有"，直至有些人讨厌自己到宁愿杀死自己。对待自己，为什么会有明显分裂的态度？

从人的心理发展来说，人本来是最爱自己的，爱到自我陶醉，爱到以为自己是世界的中心，这是最原始的自恋状态。慢慢地，在相互竞争的环境中，当发现比自己更优秀的他人时，人们不得不放弃爱自己。此时，那些更优秀的人成了我们爱的对象和渴望达到的目标，即一个人的理想自我。因此，自我发生了分化：现实自我与理想自我。我们对现实自我的爱减少了，对理想自我的爱增加了。幼时得不到爱的人，或者只是被有条件爱的人，这种差别更明显。

得到偏爱的理想自我不断地对现实自我发出攻击，这是我们不爱自己的根源。社会评价情景很容易激化这种攻击，此时，通过投射的机制把理想自我的要求放到其他人身上，当自己表现不好时想当然地认为别人讨厌自己。比如，你渴望演讲时人们都感兴趣地注视着你，但发现有些人低着头玩起了手机；你渴望周围人都喜欢你注意你，却被人在背后打起了小报告；你渴望写的文章得到大量的赞，却发现难得会有一篇达到期望；你渴望成绩更好，但努力很久也达不到。在这些情景下，我们会不断地进行自我攻击。很多时候，我们只能部分达到理想自我的要求，所以我们很难一如既往地爱自己。

有一次在外散步时，我看到一群人在打篮球比赛，4对4的半场比赛。比赛中的每个人都左冲右突，很努力地做出某个动作，运球、过人、投篮、阻挡，尽量做出漂亮的动作。但我发现，这8个人打得都不怎么样，虽然能做些动作，但要么变形，要么不到位。在NBA球迷心中，也许这些人打得太糟糕了。我回忆起自己打篮球的情景，比他们好不到哪儿去，虽然极力想表现得更好，但身体灵活性的限制、身高的因素、协调性等，都让我无法达到理想的状态。有时能做出一个漂亮的动作，但往往需要状态良好时才能实现。

在观看的过程中，我突然领悟到这便是生活的现实：我们都渴望做最好的自己，但不断地发现自己做不到。真正可以打出一手好球的人并不多，这需要一定的天赋和大量的训练；真正能让演讲满堂彩的演讲者也很少，这同样需要天赋及大量的练习。很多时候缺少天赋，你再怎么努力也做不到。我们当然爱那些优秀者，但怎么去面对普通者？我们当然爱优秀的自己，但怎么面对普通的自己？所以，难的不是爱不爱自己，而是当你做不到理想自我时，你还能不能接纳甚至重新爱上现实自我。说得直白一点，那便是：你能不能接受自己是有问题的普通人？

这可谓一种全新的对待自己的态度，为自己是一个普通人而自豪。人们太多的痛苦是因为觉得自己太普通，表现太一般了。由于文化中病态的一面，普通人往往是被忽略、贬低甚至嘲讽的对象，我们都害怕成为普通人。所以我们经常会陷入一种悖论：一方面每个人都是有问题的普通人，但另一方面，我们不允许自己是有问题的普通人。我们为了不让别人发现自己是有问题的普通人，总是做出过度的努力，害怕暴露缺点，害怕被别人否定，我们总是陷入紧张、焦虑、压力、抑郁中。当我们普通时，我们害怕被别人否定；当别人普通时，我们又会去否定别人。我们成为痛苦的神经症患者，也让别人成为痛苦的神经症患者。"你不能普通，你应该更优秀"已经成为人们普遍的愿望。

"峣峣者易折，皎皎者易污。"要切切实实地领悟到：所谓的理想、优秀、自信，都是暂时的，大多数时候，我们都没那么有信心（否则就不会有压力了），我们的表现并不出彩，我们有太多的问题和缺点，这才是现实。当你有了这种认识之后，你会意识到：错误、缺点、平淡、普通是生活的常态。我们不需要因为普通而自责或自卑，我们也不需要看到别人有问题就指责或贬低。我们需要做的是承认它的存在，理解它、接纳它，不把它放大（觉得整个自我是糟糕的），也不刻意压抑或否认。此时，我们更多地进入了存在状态、自我整合状态，内在的对立与分裂越来越少，即使有，也是可控的、有弹性的和有温度的。

当我们以为自己是世界的中心时，是原始人的境界；当我们执着于达成理想自我，为无法达成而抑郁焦虑时，这是神经症者的境界；当我们放下理想自我的要求，自在地呈现现实自我，甚至不断地满足于现实自我的成就时，这是弗洛姆所谓的"新人"的境界。第三种境界既是对第一种境界的回归，又是对第一种境界的超越（否定之否定，这种爱是现实的，而不是虚幻的）。此时，爱自己才会变得稳固且持久。

在这篇短文中我只是指出了爱自己的路径，即降低理想自我与现实自我的张力，让彼此和谐相处。但具体要怎么做才能达成，怎么做才能重新爱自己，则需要在生活中不断地修炼，这并不是一篇文章就能解决的。

我们需要什么样的优越感

几年前一个自杀的高中生在他的遗书中写道："人活在世上，实在不该太把自己当回事，但只要人想赖活着，总得靠某种虚荣来营造出自我存在的价值感……"他说得没有错，人需要一些支撑自我价值的东西（真实的或虚幻的），使得个体对自己充满信心，对未来充满希望。人们喜欢高估自己，形成一种优越的高自尊感。一旦失去支撑自我价值的优越感来源，人往往容易受到自卑和抑郁的困扰。

心理学研究者谢利·泰勒和乔纳森·布朗认为，在合理的范围内，"不愿承认错误、拒绝道歉、获得优越感"，是一种自我提升的方法，在一定程度上维持着个体的心理健康。心理健康者会以一种直接的方式提高自尊，维持较高的自我效能感，提高对未来的乐观看法。

"优越感"这个词往往是贬义的，人们会用这个词来描述一个自负的人，或者形容一种有问题的道德品质，并产生厌恶的情绪，但这种情绪恰恰反映了每个人潜藏的寻求优越的需要。在心理学家阿德勒看来，追求优越是人的基本需要，它来源于人的自卑和弱小。无论是年幼的孩子，还是身强力壮的成年人，都难以摆脱自卑。通过塑造自卑感，驱使个体寻求优越以补偿自卑，这是文明得以发展的动力之一。

优越感对于自信心的维系是必要的。有些人很难和比他们优秀的人交往，因为在这些人面前，他们失去了优越感。一旦在不如自己的人面前，他们就可以马上恢复信心。有些女性之所以执着于打扮自己，是因为漂亮的外貌让她有一种优越感。男性热衷于赚钱或者取得地位，同样也有寻求优越、防御自卑的作用。

按现实性维度来区分，优越感的满足有两种途径。一种是现实的途径，如取得社会成就、较多的财富、较高的社会地位，以及健康的体魄、漂亮的外表、某项卓越的技能、某种优秀的性格品质等。另一种是想象的途径，比如幻想中的成功、地位、魅力、个性品质等，以及通过心理防御机制获得优越错觉。

按社会性维度来区分，优越感的满足也包括两种。一种是追求个人的优越，如追逐地位、财富、名声等，有些人一心追求自己的优越而忽视其他人和社会的需要，将优越感建立在践踏别人的基础之上。另一种是在为社会做贡献的过程中实现个体的价值，这是被社会鼓励的方式。

优越感本身没有问题，有问题的是满足优越感的方式。建立在现实的基础上，能够与他人产生联结，为社会做出有价值的贡献，这样满足优越感的方式，更有利于个体的身心健康。成功人士大多有追求优越感的强烈需要，他们充满着雄心壮志，不屈不挠，在社会奋斗的过程中满足优越感，这是一种双赢的方式。建立在非现实的基础上，比如通过幻想、否认、贬低等方式得到优越感的满足，虽然能够暂时提升自尊，但往往不够稳定，对负面评价的免疫力较低，容易产生强烈的愤怒或沮丧。而且，有些人言过其实、骄傲自大、自以为是，缺乏社会兴趣，往往难以处理好与周围人的关系，形成优越情结。或者有些人是伪君子的类型：有意或无意地披着关心社会的外衣，掩盖以自我为中心之实。

一些心理防御机制往往被用来寻求优越感的满足。

1. 贬低

城里人对乡下人的蔑视，有钱人对贫困者的轻视，成绩优秀者对成绩差者的排挤……生活中无处不在的贬低，背后往往是为了获得优越感。

2. 幻想

拥有无数财富，被美女簇拥着，拥有特异功能……这些美好的幻想，也有寻求优越的作用。

3. 否认

否认存在的问题，合理化自己的错误，导致诸多自欺欺人的观念，目的也只是防御自卑，维持优越的幻象。

4. 宗教信仰

从某种角度上来说，宗教也能满足人的优越感，通过不断修行，相信自己可以达到某种不一样的境界。

……

还有些人会以一些扭曲的方式来寻求病态的优越感，成为心理问题的来源之一。在《自卑与超越》一书中心理学家阿德勒记录了这样一个例子：

我曾经接待过一个16岁的女患者。她从6岁左右就开始偷窃，12岁开始和男孩子在外面过夜。在她出生时，她父母的关系到了冰点，母亲也一度不喜欢她。她的父母总是争吵，在她2岁时离婚。母亲把她送去了姥姥家，姥姥对她很是宠爱。当女孩来找我时，我很友好地和她交谈，她说："其实，我一点都不喜欢偷东西，也不喜欢和男孩子到处鬼混。我之所以这样做，只是因为我要让我妈知道，我比她厉害，她管不了我。"

女孩采取这种自我破坏的方式，只是为了打败母亲，缓解面对母亲时的无助与自卑。在有自我破坏倾向的人身上，往往也潜藏着对父母无法表达的自卑和愤怒，以致要用一种糟糕的方式来寻求想象中的优越感。对优越的病态追求阻碍了建设性途径的发生，比如主动沟通、表达愤怒、寻找解决的途径等。有些心理障碍患者长期存在某些心理症状，如强迫、焦虑等，这些症状成为他们获得优越感的武器，使他们能得到特权，免除责任，控制他人，并获得无条件关注。当他们真切地认识到症状背后的心理意义，才能接近内在的真实情感，走出心理症状的恶性循环。

优越感如此重要，所以要对一个人造成严重伤害，莫过于挫伤他的优越感。每个人或多或少会有一些珍视的能力或品质，这些成为其优越感的来源，当优越感受到攻击时，他们可能会出现心理崩溃。一个一直以英语能力自豪的高中生，进入大学后发现同班同学的英语水平都很高，他失去了唯一的优越感来源，不久就陷入抑郁状态。后来他在英语演讲中重新确立了优势，才再一次恢复信心，抑郁减轻了。一个成绩向来很好，备受周围人肯定的大学生，却在恋爱上失败了——对方劈腿找了另一个人。这严重打击了他的自尊，还使他失去了学业上的优势，很快地陷入抑郁中。直到后来在工作能力方面恢复了优越感，他才得以自我拯救。

优越感是一种心理养料，对于心理健康的维系非常重要。不过，我们需要的是利他的、现实的、建设性的满足，而不是建立在心理防御上的想象性满足。参加一些身心滋养的活动，获得一项足以安身立命的技能，将自己的抱负引导入社会价值的实现，一种核心的未来发展方向，都是寻求优越的正确途径。建立在想象途径上的优越感满足，则是需要减少的。越执着于想象的满足，越容易逃避现实并阻碍心理成长。因此，每一次心理防御机制的使用，都是自我反省的机会。去认识防御背后的心理需要，努力发展出建设性满足的途径。现实的而不是虚幻的满足，是一个人心理成长的必由之路。

理想自我的压力及缓解思路

有些人看到商场中的镜子不免想多看几眼，有时候，这种行为反映出他们对自身容貌的不自信，试图通过看到镜子中自己的良好形象来安抚对容貌的焦虑。同样地，一个在意别人评价（相当于一面镜子）的人，也反映出对自身"好不好"的不确信，他们试图通过得到好评来安抚内在的不满意。

心理学家库利对自我的定义是："对每个人来说，他人都是镜子，个人通过社会交往了解到别人对自己的看法，从而形成自我。"由此看来，别人的评价对一个人至关重要，好的评价会让人形成对自己好的感觉，坏的评价会让人形成对自己糟糕的感觉。在幼时成长过程中，重要人物对个体的态度，很大程度上决定了一个人对自己的态度：喜欢自己或厌恶自己。

一个女孩，经常被外婆以"别人家的孩子"多么聪明、会说话、懂礼貌、爱学习为由持续不断地比较和贬低，我们可以猜测这个女孩是自卑的。没有人甘愿自卑，所以这个女孩总是千方百计地证明自己。通过不断地逼迫自己，她取得了不错的成绩，但她对评价非常在意，别人细微的不满或差评都会让她心情低落。

你对自己满意吗？很少有人能给出肯定的回答。那些牛皮吹得很大的人，或者对一些成绩沾沾自喜的人，看上去很自信，但其实对自己并不满意，不满意到只能靠幻想中的成功来安慰自己。

过度在意别人的评价，往往反映出理想自我与现实自我之间强大的张力。一般来说，幼时很少得到肯定与赞赏的孩子，或者经常被批评与贬低的孩子，容易出现苛刻的理想自我。当现实自我无法被肯定时，他们只能通过理想自我来实现它，这相当于自恋需要的延迟满足。相反地，一个幼时经常得到适度肯定的孩子会形成有弹性的理想自我，这些人能更多地欣赏和认同现实自我。成长过程中理想化父母（每个孩子都渴望自己的父母是优秀的）的缺失，以及父母无法容纳孩子对他们的理想化需要，也会导致苛刻的理想自我，以及对于理想化客体的强烈渴望。

为了缓解理想自我与现实自我的张力状态，一个人会不断地试图得到好评来缓解理想自我的压力，不断地讨好理想自我，所以这些人会非常渴望别人的好评，非常害怕差评。想要改变这种情况，关键是去欣赏和认同现实自我。这是一种可以培养的习惯，以下是一些参考的建议：

1. 当发现别人比你好，或遭遇失败时，想想自己已经取得的成就，已经拥有的关系、经历、技能等。这不是矫情，而是一种对自己的尊重。执着于未曾拥有的事物并不是一种建设性的态度。

2. 知足常乐不会让你止步不前，人天生有一种追求自我实现的驱动力，这种驱动力并不靠比较或压力才能被激发。

3. 放下执着于成为第一或一流的原始理想化的幻想。为了进步，努力当然是需要的，但过度努力可能是心理不健康的表现，反而会得不偿失。

4. 接受别人的肯定与赞赏，并对此感激，这是一种值得培养的能力与习惯。

5. 明白失败是生活的一部分，并把事件的失败与个人的失败区分开来。如果认为事件的失败是你个人的失败，便是一种不合理的归因。觉察这类不合理的想法，不被这类想法带偏或占据，更多地确认自己的价值。

一般来说，随着年龄与阅历的增加，一个人对自我的认识会更加客观、合理，其理想自我与现实自我的张力也会缓解，理想自我会变得柔和，此时，人会更善于欣赏现实自我的成就，并找到适合自己的心理应对策略。

你为什么过度在意别人的看法

我们先来看这样的一个故事：大约在小林上小学四年级时，他的成绩一下子好了起来，经常取得班级第一的好成绩。以前默默无闻的他受到的夸奖一下子多了起来，比如在路上遇到村里一个德高望重的老奶奶，老奶奶会停下来，以一种夸张的语气说道：

真好，真是一个好孩子！
怎么会这么好！
你看，多么出色的小伙子！

小林感到脸庞发热，心里不安，也有怀疑，为了配合对方，每次他都会礼貌地说一声"婆婆好"，然后在婆婆欣赏的眼神下害羞地走过。在学校里，小林也受到很多意外的夸赞。比如：

突然有小朋友过来说："我爸爸说要向你学习！"

班主任提议："鉴于林××同学优异的成绩，我提议他成为新任班长。大家没有意见吧？"

走在路上，也会有一些不太认识的老师投来赞许的目光。

还有一些家长见到他，热情地跟他打招呼："林××，你好！"

这些因为优异成绩突然获得的夸赞，一下子让小林觉得自己是一个与众不同的人，他不免很自豪。因为成绩好，之前玩得好的小伙伴们和他之间的关系发生了一些变化，好像不再那么亲近了。有些人还会在背后说一些嫉妒的坏话，也许这是成功者的代价吧。

那么，父母对小林的态度怎样呢？在成绩好之前，父母好像一直很忙，父母的关系也不太好，家里很少会有温暖的气氛，很多时候比较压抑，或者有一些可怕的争吵。父母几乎没有夸过他，好像在父母眼里，他只是一个需要被照顾的、有些麻烦的孩子，虽然父母会尽到照顾与教育的责任，但似乎没有那种情感上的关心和欣赏。小林有时会冒出这样的想法："我是他们亲生的吗？我会不会是被抱养的？"这些念头在小林七八岁时冒出来后，很长一段时间并没有消失，他一直有这样的怀疑。

在小林成绩突然变好之后，父母好像也没有特别欣赏他，他们仍然关注着自己的忧虑。父母这种冷淡的态度与周围人积极的评价形成了强烈反差。虽然父母偶尔也会因为他得了三好学生或者第一名而高兴，但这种高兴往往很短暂，很快就被家庭中的压抑和沉闷所取代。

现在，小林已经是一个大学生了，他从高中开始就一直情绪抑郁。抑郁的原因主要是日益激烈的学业竞争，他发现自己不太有优势了，也感觉不到自己独特的价值了。于是，他出现了强烈的怀疑，非常在意别人对他的态度，生怕别人不喜欢他，任何平淡的态度都会被他解读为讨厌他的证据。比如：

室友们在一起聊天，而他没有参与进去，他就会很担心他们觉得自己奇怪。

有同学体育很好，球踢得好，他就会很嫉妒，经常想着怎样超过他。

他总会担心自己不够好，只要对方没有积极地反馈，心里就会很不安。

任何竞争的场合都会让他兴奋与焦虑，他不甘人后，特别想证明自己。

经常会幻想成为一名科技牛人，攻克程序难题。

……

这是我综合了很多有类似问题的人的情况虚构出来的例子，从中我们可以发现，那些很在意别人评价的人，往往有这样的特点：在成长过程中，父母对他们的情感是忽略的，孩子感受不到自己的价值；到了学龄期，这些孩子在学业竞争中有一些优势，由此获得了大量的关注和赞赏，被抬高到一个过高的位置。这种情况导致他们自我价值感的严重摆荡：一方面存在着持续的"我不够好"的感觉，另一方面出现了强烈刺激性的"我很厉害"的错觉。

这两个条件（条件1：父母缺少对孩子情感上的体谅、理解和尊重；条件2：因为成绩等优异表现获得周围人过度的赞扬）如果都成立，那么，孩子很容易发展为一个特别在意他人评价的人，他们主要的关注点永远是：你重视我吗？你会不会讨厌我？我是不是最厉害或最重要的？

条件1与条件2有着前后的关联。如果父母缺乏对孩子的理解和关心，孩子容易形成很低的自我价值感，那么，当孩子发现成绩好能够带来周围人的赞扬时，会让他们感受到自己的价值并执着于这种满足。这就像一些从小家境贫寒而备受歧视的人，一旦成年后居于高位就忍不住不断贪污以填补内在的缺失。这些孩子一旦发现优异的成绩能够补偿自我价值的缺失，就会执着于这种满足方式，他们会特别努力以获得外在的夸奖。

如果父母对孩子在情感上是体谅、理解和尊重的，对孩子充满着发自内心的爱，即条件1不成立，那么当孩子成绩优异时，父母一方面会非常开心，另一方面也会关注：孩子过得开心吗？压力大吗？他们不会给予孩子过度的夸奖，因为他们的聚焦点仍然在孩子的情感和需要上。他们并不那么需要从孩子身上得到自恋满足：因为孩子好的成绩而肯定自己的价值。

如果只有条件1（父母缺少对孩子情感上的体谅、理解和尊重），而没有条件2（孩子在学校里没有出色的表现，也没有得到大量的赞扬），也就是说，在他们的成长过程中几乎很少得到父母和周围人的积极回应，这会形成他们基础性的低自我价值感，一般会有两种表现。对于有些人而言，这种低自我价值感可能会被防御性地埋葬于内心深处，表现出来的是完全不在意他人的评价。他们会通过其他方式，比如很早就知道自己需要什么，怎样去获得自己想要的帮助，通过现实功能的独立性来防御内心深处对他人的情感依赖。另一些人则持续体验到低自我价值感，已经不再追求别人对他们的好评。他们会去寻找一段依赖的关系，依靠关系中的他人给予自尊。他们在关系中讨好、顺从，不敢表达自己的需要，害怕和人发生冲突，一味地想得到别人的庇护，不敢去实现自我的价值。

因此，作为父母而言，如果你想培养出一个自信的、不执着于别人评价的孩子，就要给予孩子持续的情感上的关心、理解、回应和尊重，这会让孩子形成价值感的自我供给来源（内在有一个稳定的爱的客体）。有了这个来源，再加上在学业竞争中的成功，孩子会形成稳定的自信、高自尊感、足够的自尊调节能力，这为他们的人际关系、学业和事业上的竞争打下了良好的人格基础。这些孩子不会强迫性地依赖他人的评价，对他人评价的免疫力较强。

如果父母对孩子忽略、不关心、不尊重，那么，孩子就会缺少自尊供给的内在结构（缺乏一个稳定的爱的客体），导致其强迫性地依赖外界的供给，并产生诸多焦虑、抑郁与压力。当他们竞争失败时，会冒出大量自我否定的想法，无法平息这些质疑的声音。他们也会对别人的反应做出过度贬低的解读，比如认为别人不喜欢他、讨厌他、排斥他等。

那么，如果你现在已经成为一个特别在意别人评价的人，该怎么办？

你还是需要一段关系，在这样的关系中，内心的需要能够被看到和尊重，内在的情感能够被理解和回应，你能够表达任何事情而不用过度担心被否定和讨厌，你无须刻意做什么来证明自己或者讨好对方。这是一种非常健康的关系，你不需要百分百地获得这样的关系，只要关系主要是这样的特点就行。当持续的时间足够长时，这样的关系就会被你内化，逐渐发展出一个能够供给自尊的内在结构（表现为失败时会有温和肯定的内在声音，不会对他人的反应做出过度讨厌的解读），一段健康的友谊、亲密关系、咨访关系都能达到这样的结果。

除了拥有一段健康的关系之外，你也需要去拓展你的自尊供给来源。学业的成功、事业的发展、能力的进步、金钱的积累，以及其他能够证明自己价值的途径，都能平衡你持续不断的低自我价值感。健康的关系和现实的成就两者协同进行，你就能逐渐走出低自我价值感的牢笼，不断获得健康的自尊感。

此时，他人的负面评价对你的扰动就会越来越微弱，你甚至会忘记关注他人的评价，而聚焦于一些有趣的事情。

为什么我害怕自己变得普通

小莉刚认识了一个男孩，也许被她的美貌吸引，男孩很快展开了追求攻势。小莉不太认可这个男生，觉得他很普通，不过她想："反正还没谈过恋爱，就先试试吧，培养一点恋爱的经验再说。"于是答应和他相处。相处时间并不长，大概3个月，这是一个节点，如果继续下去，可能真的要确定关系了。小莉不愿意继续这段关系，找机会提出了分手。

以类似的态度，小莉谈过好几个男生，每次相处都不太久，每段恋爱中，她都没有真正投入进去，也不愿意把男朋友带给别人看。在她心里，这些男生都太普通了，她一直鼓励自己："将来肯定会有更好的，再等等吧。"有一次，她交往到一个看起来很不错的男生，不过，交往深入之后小莉发现了对方好几个"致命"的缺点，她的热情马上下降了，好不容易出现的亲密感瞬间消失了，最后也就分开了。令小莉痛苦的是，当发现对方的缺点之后，她被自己会越来越普通的恐惧所占据，这种恐惧让她迫切地想逃离。

如何理解小莉对男朋友的不满意？如何理解她对普通的恐惧？我们需要追溯一下她的过去。小莉从小有一个严厉而不开心的母亲。母亲似乎有吐不完的苦水，抱怨丈夫，抱怨同事，抱怨父母，抱怨生活的艰辛……小莉几乎每天都得承受母亲的负面情绪。母亲一直传递的是，她是母亲唯一的希望，因为丈夫不会赚钱，没有志气，是一个废材；自己又没有文化，只能处处碰壁。母亲不满意这样的生活，并强调说，要不是为了女儿，她早就和丈夫离婚了。有时，母亲会歇斯底里地发脾气，小莉知道是母亲不对，但也不敢怎样，似乎，母亲是一个需要她照顾的人。

小莉曾想从父亲身上得到依靠，但父亲却很退缩，只顾着自己玩，不愿意承担家庭的责任。小莉渐渐发现，父亲并不爱她，好像父亲也不爱其他人，他只爱自己。这个发现让她绝望，她慢慢地对父亲很愤怒，在父母吵架时，她无条件地站在母亲这边。在她的记忆里，童年中难得有温馨的家庭时光，更多的时候，家里弥漫着压抑与沉闷的气氛。

面对总是不满意的母亲，无法依靠的父亲，小莉该怎么办呢？幸好她天资聪颖，再加上勤奋努力，她的成绩很不错。好成绩让她找到了希望，母亲偶尔也会露出难得的笑容，父母之间的关系也会有所改善。小莉逐渐明白，只有自己优秀才能改变生活。优秀了，就可以得到周围人的赞赏，这是她从父母那里很少获得的待遇；优秀了，就不用再依赖这个充满负能量的家了，不用再被那些绝望的情绪笼罩；优秀了，母亲才会开心些，自己受到的心理压力就会少些。相反地，如果自己不优秀了，好像一切都完了。

她很小就不停地幻想自己能有更好的未来，幻想自己成为上市公司的老总，有着数不完的钱；幻想自己找到一个非常优秀的老公，成为富家太太，被人宠着；幻想自己突然中了大奖，由此改变了命运，让可怜又可恨的父母完全听命于她。这些幻想给了她安慰、希望，安抚了她的不快乐。

小莉没有停留在幻想中，她有脚踏实地的一面。她的生活充满着竞争、学习、奋斗，她确实取得了一个又一个成就。虽然她已经很优秀了，但她经常做跌落之梦，那些梦象征性地表达了她对失败的恐惧。在她的潜意识里，普通是可怕的，只有优秀才是安全的。

这种对于普通的恐惧，也成为她发展恋爱关系的绊脚石。她无法容忍一个有缺点的男朋友，面对这样的男子，她变得像妈妈一样挑剔、不满、愤怒。她内在认同了母亲的价值观，鄙视那些平凡又不上进的男人。她觉得和这些男人在一起，只会拖她的后腿。在一般的人际关系中，小莉也有类似的恐惧。当发现交往的对象有缺点时，她会主动疏远对方，害怕被对方的缺点影响。因为这种恐惧的左右，她一直无法拥有长久而深入的关系。

以上描述了小莉身上典型的对成为普通人的恐惧，这种恐惧来源于原生家庭中母亲的负面影响。这种影响导致小莉形成了潜意识的等式：成为普通人＝没有希望的人生。

类似的恐惧在人群中并不少见。很多人都有潜在的、相似的信念：优秀才有希望，普通意味着绝望。在充满竞争的文化中，普通人往往被投射为无能的、压抑的、堕落的、罪恶的人，是需要被鄙视或淘汰的；而优秀者才是积极的、快乐的、有能力的、善良的人，他们的基因才值得传递下去。文化中优秀者总得到偏爱，而普通人则是"反面教材"，谁愿意成为反面教材的代表呢？

　　面对这样的环境，每个人都得解决"如何让自己不普通"的问题。一是像小莉的妈妈那样，无论怎样奋斗都不能成为文化意义上的优秀者，内心经常被失败感所笼罩，并将这种情绪以及未满足的愿望传递给身边的人，制造出对自己不满意的孩子和丈夫，形成恶性循环。二是像小莉那样，通过不断地奋斗来实现优秀。但这只是得到暂时的优秀，内在的普通被投射到那些有缺点的人身上，成为挥之不去的梦魇。身为一个普通人，却一直幻想着优秀，这种分裂所带来的痛苦是必然的：她永远无法逃脱失败的恐惧。三是通过心理学的方式整合自身的普通，即认识自己，回溯幼时所承受的诸多压力与痛苦，疏解情结，能接受一个有缺点的男朋友，消除片面的认知，逐渐发展出良好的关系，并通过现实的成就来平衡内心。虽然内在的普通仍然会成为痛苦的来源，但它只是一种可控的烦恼了，而不会成为阻碍健康关系的神经质痛苦。很多人即使没有心理学的帮助，也能逐渐地接纳普通，开始认同平凡人的身份，使"如何让自己不普通"的冲突得到一定程度的缓解。

有没有更彻底的途径？有，观察诸多不如意所带来的痛苦，不去排斥，而是观察。知道它是一种感受，终会过去。在观察的过程中，如果无常、无我的观念被不断地证悟，"如何让自己不普通"的问题就不存在了。

小莉和她的母亲排斥普通，是因为害怕面对普通带来的痛苦感受，以为优秀了就可以摆脱类似的痛苦。但这只是一种幻想，所谓的摆脱都是暂时的，当成功过去，又会被失败的恐惧占据。无论是暂时的优秀者，还是暂时的失败者，都有这种恐惧。他们不知道的是：当直面痛苦的感受时，它只是一种感受，而且终将过去。当你不排斥它时，它所带来的痛苦就变得可控了，减弱了，消失了。

不过，在这条路上，也许没有赞叹、钱财、地位（世俗成功所带来的刺激）等着你，但你会收获平静、安详、愉悦，以及对生活真正的热爱。这是两种不一样的体验，前者虽然有短暂的快乐，但马上会有痛苦相伴，后者才会有持续不断的愉悦和安详。在这条路上，你不用期待周围人的认同。你能够理解对方以那样的价值观评价你，在某种程度上，他潜意识地成了痛苦文化的维护者。

如果你真正解脱了，你将不再热衷于社会所设定的标准，你能以平常心面对自己的成功或失败。一时的得失成败，都是你修炼自己的途径，这样，生活中发生的每件事情，都具有了积极的意义（可谓"积极心理学"）。此时，你不会减少努力的动力，驱使你的将是更具建设性的力量。

那些执着于优秀的人，即使得到了第一，仍然是普通的。当你没有"普通—优秀"的二元对立观念后，你反而不普通了，这种不普通并不是世俗意义上的优秀，它也不会让你自恋或者孤独，因为你已经超越了这些。

为什么我总爱和人比较

有一句俗话叫作"人比人气死人"，反映了时刻存在的人与人之间的比较令人不堪重负，但为什么还有那么多人喜欢和人比较呢？

首先，人类很聪明地制造了人与人之间的等级体系，通过这种设计使人把精力投注于学习或工作中。因为人类曾长期处于饥饿与灭亡的恐惧中，只有不断地奋斗才能生存下来。在这种等级体系下，处于优势地位的人为了保持优势会继续努力奋斗，处于劣势地位的人则一心想打败前者，所以无论胜者还是败者，都走上了不断奋斗的道路。在这个过程中，每个人自动习得了与他人比较的习惯，通过比较确定自己的位置，知道自己的差距，从而不断地提升自己，推动文明的进步，升华本能的力量。这可谓比较的建设性意义所在。

其次，为了平衡自尊。当比较获胜后，人会觉得自己是有价值的、有用的、被认可的，这是人的基本需要，因为当一个人真的觉得自己一无是处时，他就离抑郁不远了。比较失利后，人会觉得自卑，怀疑自己的价值，但容易感到自卑的人往往喜欢跟别人比较，期待通过再一次比较来重新获得"我很优秀"的感觉。

一个身高只有169cm的青春期男孩，执着于和周围人比较身高，他想通过比较证明自己的身高是可以的。平时他很注意锻炼，因为他了解到体育运动有助于长高。体育锻炼让他对长高产生了信心，他会每天测量自己的身高，也会不自觉地和同伴比较。当比较结果对他有利时，他会产生良好的自我感觉，对未来充满信心；当比较结果对他不利时，他不免觉得沮丧和抑郁。这种执着伴随着他整个青春期，直到进入大学之后，对身高的关注转变为对容貌的关注之后才停止。我们能从这个案例中发现比较对于这个低自尊男孩的意义。

再次，为了满足自恋，这与第二个原因有些重叠，但更有一种愿望满足的色彩。如果一个人胜过了对手，他会感到得意、自豪、沾沾自喜、陶醉。一个取得第一名的人，或者赚了一大笔钱的人，也许会长时间陶醉于这种满足，幻想打败对手，感觉自己具有独一无二的价值。同样地，如果对手超过自己，其自恋的受挫也是强烈的，会不断地体验到失落、难过、自我怀疑、自卑等，而那种被人深深击败的羞耻感也会缠绕着他。

有很多在小学阶段成绩优秀，经常被夸"很聪明"的孩子，进入中学和大学阶段之后，因为竞争对手的水平提高，失去了往日自恋的光辉。他们心里始终牵挂着曾经的荣耀，渴望再一次实现它。通过不断地和别人比较，来平衡那种低自尊的痛苦，并再一次接近以往的满足。看来，那些曾经得到强烈的自恋满足但又失去的人尤其容易固执。

最后，为了打败别人，宣泄敌意。一般来说，人只对少数亲近的人产生友爱的感觉，对陌生人或者对手，人心中潜藏着大量的敌意（表现为对陌生人的不信任），而打败别人是宣泄敌意的一种方式。随着人的进化，同一物种之间那种肉体的残杀已经不是主流，但"文明的残杀"仍然存在，而且包装在种种谎言之中。比较的背后反映了人与人之间"文明的残杀"，是人宣泄敌意的文明的方式，有一句话叫作"没有比较就没有伤害"，很好地说明了相互比较中潜在的相互伤害。

自体心理学家科胡特曾说："每一次攻击的背后都有自恋的损伤。"（大意）自恋者通过攻击和碾压别人，既满足了自恋，又宣泄了之前因为自恋受损而积聚的敌意。所以，除了每个个体身上普遍存在的敌意之外，我们更能从自恋缺失的人身上感受到那种强烈的想要打败别人的愿望。

比较能平衡自尊、满足自恋、打败别人，虽然比较可能会失败，但被匮乏感左右的人宁愿冒着失败的风险也不会轻易放弃。除非一个人完全不可能取胜（正如大多数人不会想和姚明比身高），但只要有胜出的可能，为了减少内在的匮乏感，也许就会冒着失败的风险比一比。

由上述分析可知，一个自尊稳定的人，一个不再执着于原始自恋（渴望证明自己的全能，渴望打败一切对手，证明自己独一无二）的人，一个对他人敌意不那么强烈的人，比较的目的会更现实些。这些人的比较更多的是想知道自己的位置，找到差距，让自己更好些。相反地，一个低自尊的人，一个执着于原始自恋的人，则会想通过与他人的比较平衡自尊、满足自恋、打败别人，以不断地填补内在的空虚与匮乏。他们的比较不是建设性的而是破坏性的，不是为了找到差距提升自己，而是为了打败对手以证明自己的能力。

有些明智的人已经放下过多的比较，因为比较带来的强烈的情感体验并无建设性的价值。很多时候，比或不比，你的价值并没有增加或减少，只是为了平衡匮乏的内心。当然，作为一种从小习得的习惯，没有人可以真正放下它，但区别在于，这种比较是强迫性的，还是适度可调控的。

为了走出比较的牢笼，我们需要觉察自动化比较的存在，并适时地放下它。每当发现自己在比较时，不妨告诉自己"我又在比较了"，这有助于你和它拉开距离，摆脱它的掌控。因为你的价值是稳定存在的，无须通过比较来确认，你需要做的只是提升与发展自己。另外，你也要探索是什么样的匮乏感驱使着你比较，逐渐走向内心整合之路。

对失败的条件反射式恐惧：谈谈自尊整合问题

害怕失败是一种常见的心理，毕竟失败的经历是一种负面体验，可能造成一个人绕不过去的心理创伤。很多人能够承认失败是生活中的一部分，它虽然让人不舒服，但还是应该面对它。为了成功，这些人甘愿经受失败的风险，从中获得成长的机会。生活中有些人特别害怕失败，在挑战面前患得患失，时刻想要逃跑，甚至为了维持不败的假象，通过各种方式自欺欺人。在他们心中，失败是一种特别令人恐惧的感觉。

对失败特别敏感，对成功特别渴望的人往往有自尊方面的问题。他们特别想证明自己的价值，维护自我好的部分，形成对自我价值的偏执态度。这些人在整合自己"好"或"不好"方面出现了障碍，对"好"的执着，对"不好"的恐惧成为他们最核心的问题。当"我不好""我有问题""我不如别人"的情景来临时，他们会特别恐惧，唯恐避之不及。

自尊方面的问题（低自尊、自尊不稳定）往往和幼时的成长经历有关，主要是两方面：一是过度的表扬，二是过度的否定。如果两者都有，可能更容易出现自尊的问题。

1. 幼时优秀所带来的问题

自尊不稳定的情况容易在那些幼时优秀的人身上出现。原因在于，优秀的孩子被周围人投射了太多的期望，并获得了过多的赞赏，这会让他们形成缺乏现实基础的高自尊（学术名为"夸大自体"）。

为了维护被过度拔高的自尊，他们排斥面对"我不够好"的体验，摒弃糟糕的自我感觉成了他们条件反射式的选择。逃避挑战，否认失败，失败时把原因归结于别人（比如责怪自己的父母），或者寻找替罪羊，总之，他们会想方设法地与这些糟糕的体验保持距离。一旦遇到真正的失败，他们往往会产生强烈的抑郁情绪。在抑郁的心理动力学类型中，"内射型"抑郁的人往往有过高的理想自我，这往往和他们幼时受到过多的表扬有关。他们的自尊状况，往往在过高与过低之间摆荡，难以形成健康稳定的、有较强抗挫力的自尊感。相反地，没有被过度期望和过度表扬的孩子，他们的自体没有夸大和膨胀，受挫力更好。因此，他们更容易承认和消化"我不够好"的感觉，把它当成生活中自然存在的一部分。

2. 幼时自尊伤害所带来的问题

幼时受到过多的否定，带有嘲讽性的否定，被排斥或孤立的经历，会形成一个个"自尊的伤口"，这会让他们对于贬低性信息过度敏感，"自尊炸弹"容易被引爆。他们对于"我很糟糕"有强烈的执念，外界的挫折容易唤醒很多自我否定的想法，并伴随着内在不良关系的活化。

在自卑情结的作用下，他们把事实想象得很可怕，把对手想象得很邪恶，有时会采取强势的反击。这种过度敏感的状态有时会破坏关系，甚至让他们做出报复性的行为，云南大学的马加爵可能就拥有这样的人格特征。为了避免出现被否定的场景，他们往往小心翼翼，不敢尝试。他们的动机属于"自我保护"的范畴，为了避免失败，宁愿放弃成功。对于这一点，他们也深感自卑，形成了低自尊的恶性循环。有时，他们在幻想中会有优越的感觉（比如道德上的优越感、对社会现状的鄙视感），甚至会在痛苦的经历中寻找满足，这是一种脱离现实的高自尊感，这种感觉让他们得以恢复心理平衡。因此，他们的自尊状态，容易在过高与过低之间摆荡。

总体来讲，有自尊问题的人需要培养对失败的正常态度，明白它只是一些不舒服的体验，让失败的体验停留于此（觉察和中止各种糟糕的联想），而不是放大它。这种态度有助于整合糟糕的自我感觉，在寻求挑战的过程中收获成功，形成建设性的自我价值感。具体来说有以下4点建议：

1.面对和承认普通的自己

真正重要的是承认自我中普通的存在。每个人在很多方面都是普通的，比如在演讲、写作、交际、考试、组织能力等方面，大部分人很普通，只有少数人是真正的优秀，当发现自己普通时，不妨面对这个情景，知道它的存在，不否定也不执着。另外，要看到所谓的优秀，大多是人为构建出来的，取决于环境而不是你本身。很多在普通学校成绩数一数二的人，来到重点学校之后就平平无奇；一些在单位或公司没什么闪光点的人，在网络世界却成了众星捧月的大V。看穿了优秀的不确定性和条件性，有助于你放下对它的执着。

2.聚焦于事件，忘记自己

重要的不是你的价值，而是你做的事情，这便于区分聚焦于自我与聚焦于事件的差别。我们很多时候聚焦于自我的表现、得失、对错、成败，错失了更大的世界。当你聚焦于自我时，你会进行比较无法自拔；当你聚焦于事件时，你会忘记自己。社会规则的目的是促使个体的发展、基因的传递，为社会整体的运行做出有益的贡献，而不是只着眼于个体在社会系统中的位置。同样地，很多位置是多方面因素交织在一起形成的，除了你的努力之外，基因素质、社会环境、偶发事件等都与其有关系。

因此，努力是需要的，但更重要的是你做了什么，而不是你得到了什么。当你成功时，你不必太自恋，认为自己是世界的中心；当你失败时，你也不必否定自己，认为自己一无是处。用心做事即可，看到你所经历和拥有的部分，就会拥有更坦然的态度。

3.欢迎不舒服的感觉

我们都渴望舒服的感觉，但另一个事实是，不舒服的感觉是人生的常态，从冬天早晨的起床，到运动时的不适，再到公众演讲的压力，等等。对于这些不舒服的感觉，不好的态度是"趋乐避苦"，想方设法地逃跑，或者加以攻击，这是以牺牲成长为代价的。

正确的态度有两种。一是欢迎它，因为不舒服的感觉本身是为了助你一臂之力，比如演讲或考试前的紧张，运动时的身体不适等，都是身体为了应对压力情景所唤醒的生理部分，所以请你欢迎、运用、拥抱不舒服的感觉。二是观察它、认识它、转化它，观察不舒服的感觉，观察它的变化，仔细审视它，有助于培养一种觉察的态度，建立平常心。当你不那么害怕不舒服的感觉时，你就有了更多的自我接纳，也许你能尝试一些曾经让你害怕的场景。

4. 要有野心，敢于成功，让自己优秀

这和第一点并不矛盾。每个人身上都有优秀的一面，会有自己珍视的价值，如独立、创造、利他、友谊等。重要的是去挖掘、发挥、利用，把视线聚焦于你所珍视的价值，通过优秀和成功，不断地提升自我价值感。

由于压抑成功的渴望，低自尊者丧失了提升自尊的诸多机会。低自尊者需要整合自己好的部分，挖掘自己的潜能，得到现实的成就，而不是停留在幻想中。对成功的渴望，能让人敢于面对失败。这种尝试有助于提升你的自尊，改变逃避的行为模式。野心可以成为驱使一个人不断奋斗的力量来源，在面对挑战中锻炼成长。每个人或多或少都有野心，那么，不妨扪心自问，你的野心是什么？你珍视的价值是什么？明白这些之后，你可以怎样规划现实的生活？

自卑者的心理透视及解决思路

"我梦到自己在爬山，山很陡，我正在半山腰，爬得很辛苦。我看到下面是万丈深渊，如果一松手，肯定会摔得粉碎。我只好很痛苦地继续往上爬，但有一种随时会摔落的恐惧。"这个噩梦伴随了小王很多年，当他压力很大时就会出现这样的梦境，在梦中，他能真切地体验到快撑不住的恐惧。通过对梦的分析我们发现，小王有一种自尊破碎的恐惧，梦中那种害怕摔落的担心，其实象征性地表达了他对自尊崩溃的忧虑。对他来说，最危险的情景不是失去爱，而是丧失自尊，每当遇到可能失败的情景时，他都会体验到无法缓解的压力感。他是一个高中生，其貌不扬，谈吐一般，但成绩优异，因此颇得周围人的欣赏。但内心深处，他却经常害怕有一天会失去这些美好。

小王是一个有着典型自卑情结的人，他只有在远远胜过别人时才会有安全感。如果别人和他差不多，他就会有被超过的焦虑，似乎自己即将成为一个被人嘲笑的弱小者。这种焦虑驱使着他不断地努力以提升个人资本。很多时候他是班级里成绩最好的人，偶尔也会突然考得不太好，此时，他会体验到强烈的痛苦。

在社会比较中自卑是常见的体验，当比较落后时，人难免会有低落的感觉。那么，为什么有些人很容易体验到自卑并为此愤愤不平，而有些人却不会呢？一般来说，比较失败带来的自卑体验不会对人造成明显的伤害，甚至这些轻微的伤害还能锻炼一个人，使个体形成更加成熟的自尊调节能力。给人的自尊造成严重伤害的是那些在年幼时发生的带有嘲讽性质的自尊伤害经历，比如因为某些缺点被人奚落、嘲笑、当众羞辱等，会形成一种创伤后的自卑情结。这些人的自尊稳定性、自尊调节的能力存在明显的问题，因此对自尊受损的信息过度敏感。那些与自尊有关的信息，都可能触碰到自卑者自尊的伤口，并活化创伤反应，使其体验到强烈的受挫和焦虑。

小王就有这样痛苦的过去。幼时因为家庭经济贫困，他穿着破旧的衣服，隔壁班有几个爱欺负人的男生经常会对他冷嘲热讽。他的母亲也喜欢用讥讽的语言刺激他，比如在别人面前把他说得一无是处："你这个人太差劲了""你简直就是一个笨蛋""你太让我失望了"。幼时的他一次次承受了这种伤害。自卑的母亲不自觉地通过羞辱的方式一次次伤害了小王的自尊，使小王成为一个容易自卑的人。

这些伤害性的经历逐渐形成了小王的自卑情结，任何价值被贬低的情景，如比较、竞争、排名等，都会唤起他强烈的焦虑反应。防御自卑、体验到自我价值变成了他的核心需要，"自己是不是一个有能力的、有价值的人"成了他的核心冲突。一般来说，有自卑情结的人会有如下特征。

1. 特别害怕失败

失败会唤起他们强烈的受挫感，因此，他们对于失败过于敏感，以致任何与失败有关的信息都会激起他们的警觉反应。比如一个很有经验的专家，专业能力很强，在业界广为认可。但他内心经常担心有一天会被大家发现，他其实是一个很没用的人。他对一些与能力有关的词特别敏感，比如听到"不行""对方很好""缺点""能力不足"这些词，或者上司表扬了他的同事等，都会激起他条件反射式的焦虑感。同时，他对可能会失败的情景压力很大，面对评价的情景，他经常会有强烈的惊恐反应，如果失败了，他会长时间沉浸于抑郁体验中。

2. 对于优越感的强烈需要

也许是因为害怕失败，他们只有在优越地位时，才会有安全感。他们害怕和别人差不多，这对于他们意味着失败，以及随时会被别人超越的恐惧。

因为手臂上有一块很明显的胎记，老田在年幼时曾经多次被同伴取笑。逐渐地，幼时的他形成了要强的性格：学习特别刻苦，并渴望以此改变命运。工作后，他也一直很拼，很快地，他成为公司的中层管理者，也深得领导的赏识与大家的认可。但是，老田嫉妒心较强，容不得别人比他好，心胸有些狭隘。老田通过一些手段把能力比他强的同事排挤走后，成为公司的一把手，但公司却走向了下坡路，一些能力强但"不听话"的人也纷纷离开了公司。

由于对优越感的强烈需要，老田缺乏合作精神，难以面对别人比自己优秀的情况,这导致他在人际关系方面的冲突和压力,也阻碍了他的职业发展。由于对优越感的强烈需要,老田总是过度努力,这也让他的心理压力一直很大。

3.对自身重要性的怀疑

每到人际场合,他们最在意的是自己是否重要,是否吸引别人,有没有被忽视。但他们往往在人际能力上有所欠缺,或者在容貌上不那么吸引人,因此他们经常会对自己的重要性产生怀疑。

一个女生总觉得男朋友更喜欢其他女人,而事实并不如此。由于强烈的自卑感,她总觉得男朋友并不是真正爱她,很担心男朋友会跟别人跑了,总是对男朋友交往的女性朋友吃醋。为了保护自己,她有时候故意和一些异性打得火热,只是为了让男朋友吃醋。只有当男朋友吃醋时,她才能感受到男朋友对自己的爱意,感觉到自身的重要性。

对于自卑者来说,任何证明自己重要的信息,都会缓解他们潜在的焦虑。比如发言得到赞赏,成绩超过别人,得到领导的赏识,都会让他们体验到强烈的自尊满足。相反地,别人轻微的忽略、缺乏关注,或者排名落后、竞争失利等,都会让他们体验到强烈的受挫感,并不断闪现各种自我否定的想法。

4.追求报复性的胜利

也许是因为自尊受挫后的愤怒,有些自卑者往往有报复性胜利的需要。那些想让别人臣服于自己的人,往往有被忽略或不被重视的过去。通过成为霸主,成为非常重要的人,就打败了想象中的对手，宣泄了幼时被压抑的愤怒。

小丽成长于重男轻女的家族，家族中的男性总比女性有优越的地位。小丽的需要和情绪从来没有被父母好好地听到并尊重，为此，小丽一直愤愤不平。和很多有类似遭遇的人一样，她非常勤奋地考上了重点大学。毕业后的她很能干地开了公司，把自己的亲戚都安排进了公司。她内心的报复性幻想是：这些人永远只能成为我的手下。

有些完美主义性格的人，有着打败别人的强烈需要。他们有大量压抑的自尊受挫后的愤怒，并期望有朝一日报仇雪恨。他们内心的幻想是：当自己成为世界顶尖人物时，所有人都要仰视自己。

5. "我不值得拥有"的自我概念

由于对自我价值不确信，即使处于领先的地位，他们也会有一种"名不副实"的感觉，生怕有一天会失去优势。当他们取得重大的成果或胜利时，由于与他们内在的模板不一致，他们会采取否认的心理防御机制避免让自己体验到成功。这和范进得知自己考中举人后的反应有类似之处：无法整合自己的成功。

小董中考时取得了全班第一的成绩，当老师宣布最终成绩时，他不敢相信，也没有很高兴，他觉得一定是搞错了。在上高中前那个暑假里，他惶恐不安地感受着会被戳穿的恐惧。多年来，他一直深信是改卷改错了，他觉得自己的成绩根本不可能考第一。成年后，小董娶了一位漂亮能干的妻子，成为一家大公司的管理层干部。他压力很大，经常梦到自己从高处跌落。虽然拥有了一些他觉得不可思议的成功，但他内心一直害怕失去，因为他还没有修整好内在的模板：我是一个值得拥有美好事物的人。

6.羞于表达自己的需要

自卑者羞于表达自己的需要，因为他们害怕让自己处于弱者的地位。每次表达需要的情景，都可能会唤起他们曾经体验过的受挫经历。他们习惯于忽略自己的需要，当别人问他们想要什么时，他们总是顾左右而言他。

一个职员有很好的想法，事实上他的判断很多时候是正确的。但每当主管对他的判断提出异议时，他就会主动放弃，他很少会为了自己的想法据理力争。有一次他已经想好了去另一个部门，因为他更喜欢那个部门的气氛。他鼓起勇气对主管说了这个打算，主管主动挽留他，说了对他的认可，希望他能够继续留下来。主管的真诚邀请让他一下子心软了，他选择了继续留下来。

自卑者习惯于妥协，委屈自己，当他们的需要与别人（特别是权威）发生冲突时，他们习惯的做法就是放弃。但这只能暂时缓解冲突，代价是破坏了关系，同时，长期委屈自己，让他们不断体验到抑郁和不满。

7.经常出现的嫉妒心理

别人比自己好，会唤起自卑者强烈的嫉妒心理。自卑的人很难和比他优秀的人相处，他们在面对那些优秀者时，要么回避，要么排斥。内在强烈的嫉妒心理阻碍了他们走近优秀者。他们还会把自身的敌意投射到优秀者身上，认为对方鄙视自己。

一个身高不高、长相普通的男生，认为同寝室的高富帅看不起自己，于是经常采取敌对的态度，时间长了，两人之间出现了严重的隔阂，彼此敌视。自卑的男生认为高富帅瞧不起自己，而后者则认为前者对他有敌意，因此也要施以报复。在这段关系里，出问题的主要是自卑的男生嫉妒导致的敌意，这种敌意破坏了双方的关系。

在校园暴力中，有一种现象是某个比较漂亮的女生，突然成为众矢之的，各种流言蜚语在校园里流行起来，并对该女生造成严重的伤害。造成这种现象的原因可能是：一些有攻击倾向的自卑女孩出于嫉妒和报复的心理，编造了一些谎言并加以传播，去诋毁那个优秀女孩的名声。一般来说，自卑感越强的人，嫉妒和诋毁别人的愿望也就越强烈。

我们从以上的分析中可以发现，自卑者的心理压力是很大的。自卑者应该怎样走出自我怀疑的泥淖，成为一个相信自己拥有美好品质的人，并经常能感受到自己的价值呢？如果想改变，自卑者真正要做的，并不是过度努力，或者贬低别人来增强自尊，或者一味地嫉妒别人的成功，而是面对自己，承认自己的局限，明白自己是一个"有感觉、有渴望、会受伤并且时刻要面对痛苦的普通人"，然后把关注点从消极的部分转移到积极的部分，与他人建立一种平等的关系。自卑者放下对自身苛刻的要求，意味着与自身、他人的关系有所改善，心理压力真正释放了，可以允许自己享受生活了。具体建议主要从以下几点出发：

1. 觉察自我否定的想法

当那些自我否定的想法不断冒出来时，不妨给它贴个标签"我又在否定自己了"，然后试着转移注意力，去走一走，和人聊个天，看个剧，或者开始工作。你会发现，几分钟之后，那种因为自我否定而带来的消极感受会减缓不少，你的大脑中会重新出现自我肯定的想法。

2. 感受自身的价值

问自己：你有过什么与众不同的能力？你取得过哪些成就？你有什么天赋或才智？其他人喜欢或欣赏你哪些方面？去发现自己的优点，你会不断地发现自己的宝藏，虽然这些曾一直被你忽略。

还可以通过记录优点来不断地感受自己的价值。每当发生值得肯定的事情，取得一些成就，完成了某些之前不敢尝试的挑战，都不妨记录下来。有空时翻出来看看，有助于感受到自身的价值。同时，也要敢于面对挑战。每一次成功应对挑战，都有助于感受自己的价值。

3. 停止和别人比较

当你发现自己开始不自觉地和别人做比较时，你就应该警惕了，因为这反映出你的自卑感，你试图和人比较来获得优越感，或者重复那种低自尊的感受。所以，和人比较并不是一种积极的行为，而只是补偿自卑的心理防御。那么，当觉察到自己在比较时，不妨放下这个想法。

重要的是和自己比，看到自己的成长与进步，看到自己新的突破。当你减少了和人比较的行为习惯之后，你会更多地体验到自己的价值。

4. 逆情绪而为

在心情糟糕时，不妨做些和情绪状态不一样的事情，通过行为的积极变化改善情绪。一位网友分享了他的例子：

作为一名交警，他在执勤时经常会遇到一些不明真相的群众的无理谩骂，比如："路口红灯时间这么长，你们怎么规划的？""刚才那个车别我一下你怎么不管？""到年底了交警又开始疯狂贴罚单赚奖金了。""你们处罚我不就是想捞钱吗？"面对这些带有羞辱性的谩骂，他很痛苦，想和对方大吵一架，但如果这样做，他可能每天都要和人吵架，而且与他的职业形象不符。因此，他找到了一个好办法："我的做法是被人骂一次，就主动做一件好事。小到帮外地游客指路，大到送迷路老人回家。也许自己的任务会受到影响，但看到被帮助的人感激的笑容，我就会觉得自己的工作有价值。"

这其实是一种逆情绪而为的做法，在愤怒时，我们最想做的是破口大骂，或者跟人打一架，但他选择主动帮助别人。这种善意的行为能够带来别人感激的回报，也能带给自己良好的感觉。如果他任凭自己的情绪驱动，可能会带来无止境的愤怒。

当一个人感到自卑时，会冒出很多消极的想法，感到情绪低落，不想动，不想说话，甚至习惯性地自我责备。逆情绪而为是带着这种自卑的感觉，做些力所能及的事情，比如打扫卫生、买个菜、做个饭……总之，做那些能带给你一点价值感的事情，而不是沉浸于自我责备或负面情绪中。

5.学会表达需要

表达需要既能增进与他人的联结，也能增强自尊。在合适的时候，不妨主动表达需要。如果需要受挫，有条件时让对方知道你的痛苦。这是需要的满足，使人与人之间的联结增强了，因为需要未满足而产生的敌意也减少了。

面对自己的需要，要学会承认自己的局限。这种真诚的态度可以拉近与他人之间的距离，开启获取自尊的简单道路。自卑者总执着于"被需要"，而不敢让别人知道"我需要"，通过过度努力来防御自己的需要，反而远离了自己。所以，通过需要让别人感受到自己，来拥有一段平等且相互满足的关系，是自卑者需要去尝试的。

以上介绍了自卑产生的原因和克服的方法。不过，消除自卑情结并不那么容易，作为一种长久形成的心理创伤反应，并不能被轻易地修复。因为自卑而缺乏勇气的特点也让自卑者不断体验到强大的心理压力，经常会出现消极的想法和行为，还会习惯性地逃避挑战和压力。因此，应对自卑可能是一些人一辈子的课题。心理学也可以帮助自卑者拥有不一样的视角，去不断地认识自己，慢慢走出自卑，感受到自身的价值和生活的美好。

成长建议：走出社会评价的牢笼

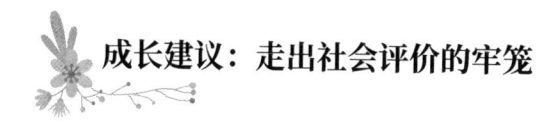

在一定的条件下，社会评价是对人的一种异化。人对社会评价的态度也同样如此。在幼时，社会评价只是一种激励个体努力或改正错误的方式，家长或老师试图用评价约束个体，习得社会规则，使一个自然人成为社会人。此时，评价只是达到社会化的目的，而不是追求的目的。但在一定的时刻，在某些人身上，评价的性质发生了变化。它被置于崇高的地位，人们为了追求更好的评价而努力，甚至宁愿为此付出身体的辛劳和精神的痛苦。他们修改了幸福的定义：别人越喜欢我，我就越有价值、越幸福。把幸福寄托于别人的态度，此时，一个人在个体与社会的关系里，迷失了自己，这便是人的异化。

在个体与社会的关系里，如果过于在意社会评价，便远离了自身；如果完全不顾及社会评价，这个人也难以在社会中很好地生存。生活中更常见的是第一种人，即被社会评价左右的人。而人要真正成为一个个体化的存在，便要从社会评价中解脱出来，形成自主性，拥有充分的自我肯定的品质，在社会要求与自主性之间达到动态的平衡。

要达到这个目标，首先，明白社会评价的历史性。社会评价的标准会随着时代的变迁而变化，一个时代所珍视的特征，在另一个时代可能是无足轻重的。社会评价的历史性意味着：个体的价值既有可以被社会定义的一面，也有无法被社会定义的一面。所以当个体无法得到积极的社会评价时，并不意味着他真的没有价值；同样地，当个体被捧上天时，也不意味着他真的很有价值。有些价值只是暂时符合时代的需要，有些价值需要经过历史的积淀才能被真正确定。某些事件的价值是在变动的，这便是社会评价的历史性。

其次，明白社会评价的局限性。社会评价具有建设性的作用，它让人们团结起来，让人们符合规则，以便形成共同体。但社会评价是用来约束群体的，所以无法面面俱到，无法照顾到个体的特殊性。很多伟大的发现或发明，以及很多伟大的作品，最初都是被冷落的，但这掩盖不了它们的价值。所以，一个人得到的社会评价低，也许反而证明他掌握了真理；一个人得到的社会评价高，也许恰恰表明他平庸，这便是社会评价的悖论。

最后，从操作层面来看，正念禅修是个体可以运用的方法。通过正念禅修让自己处于存在的状态，建立与评价性想法的距离感。存在是体验、觉察、给予，接受新鲜的思想和变化，活在当下。评价则有太多的分析、判断、对错，让人畏首畏尾、焦躁不安。习惯于评价的人，很难有存在的状态；而保持在存在状态下的禅修者，则很少有评价性的态度。通过保持觉察的习惯，可以充分抑制社会评价的负面影响。

对于一个深受社会评价之苦的人来说，当他看穿社会评价的历史性和局限性，建立起对社会评价的距离感时，他的自主性就出现了，成熟独立的个体也形成了，这是人可以追求的境界。

第五章

人格成长

我们经常能发现这样的现象：一批以相似的分数走到一起的大学生，几年之后的发展情况却大相径庭。有些人建立了亲密关系，明确了人生发展的方向，投入学业和未来发展的奋斗，并取得了不错的成就；有些人却无法建立稳定的关系，对未来很迷茫，甚至离群索居，整天沉浸于游戏或幻想中虚度人生。除了一些客观原因之外，造成这种差别的主要原因是人格的状况。

健全的人格是一个人的内在保障，能够充分应对生活压力、关系冲突、内在冲动等影响，使个体在压力与成长之间达到建设性的平衡，不断地激发内在潜力。而人格有缺陷的人，往往会在同样的生活事件后陷入长久的焦虑、抑郁之中。那些迁延不愈的心理症状，往往和人格的缺陷有很大的关联。一旦人格健康，这些症状就会自动消退。人格缺陷者在自我与他人认知、情绪调控、形成依恋的能力、自我和关系调节上或多或少地出现了问题。他们会把大量的精力浪费在寻求安全感、被爱感、自尊感的活动上。

人格是否健全与幼时成长过程中父母的养育方式有很大的关系。父母良好的人格状态，父母给予孩子稳定的生活环境，持久的爱的关怀，良好的家庭氛围，民主又不失权威的关系，都有助于培养健全人格。相反地，不稳定的生活环境，缺乏爱的能力的父母，破碎的家庭，专制或放任的家长，都会损害人格的健康成长。在人的健康成长过程中，除了受到父母的影响之外，一个人还需要接受其他人的影响，以此不断地丰富人格，这也是从心理上脱离原生家庭的意义所在。

前面几章关于人际关系、亲密关系、情绪情感、自尊的主题，其实也是人格发展的重要组成部分——人格的发展伴随着这些方面的改善。本章继续讨论人格成长的其他主题，如欲望的管理、人格结构的形成及影响、对待自己的态度，然后分析了完美主义、成功恐惧、过度负责、过度自我关注、过度自私、过度控制等人格发展问题的原因和应对思路。从人格的缺陷到人格的健全，从分裂的心理防御到充分完成整合，是人格成长的重要内容，稳定的人格能够为潜能的发挥提供源源不断的保障，成为有意义人生的内在基础。

欲望管理的几种水平

孩子想玩游戏，母亲却提出了要求："宝宝，你读完半小时书才能玩，好吗？"能压抑欲望的孩子会静下心来读书，期待着随后的快乐；而缺乏这种功能的孩子可能会焦虑不安地大哭大闹，直到母亲被迫同意。压抑功能与延迟满足的能力息息相关，对于人来说，适当的压抑是必需的。

欲望或冲动的管理有不同的表现水平。高水平的调节方式是整合欲望、寻求满足，但可以被延迟或取代。高水平者能忍受矛盾，寻求妥协的解决方案。他们能思考自己的愿望和他人的愿望之间的差别，不会情绪化地做出反应。比如一个人说他在自己与朋友之间设定了适当的界限，通过这种方式他成功地疏导了愤怒，没有因为愤怒而伤及友情。

另一些人对欲望过度压抑，他们在意识层面很难承受情感和欲望，通过过度的自我控制，让情感灵活性受限，限制了对欲望和情感更灵活的处理。他们偶尔会出现冲动性爆发，比如放纵地玩游戏，过度饮酒或性行为，在过度调节与放纵之间摆荡。这些人谈话时，也许表面上显得有礼貌，乐于助人，但因为情绪表达受限，往往具有控制性且沉闷乏味。

欲望管理更低层次者经常表现出冲动的行为，比如动不动就大骂，一有矛盾就动手，无节制地冲动性购物，等等。在幻想和行为中，他们存在着破坏性倾向和指向他人的攻击倾向。他们的冲动性行为经常被不愉快的情绪触发，当不愉快的情绪在精神内部不能被容忍时，会导致主要突然的行为改变。

一个人对欲望的管理水平主要取决于幼时的亲子关系。我们来假设一个情景：欲望的产生会导致生理上的紧张，比如婴儿会发出痛苦的哭喊。如果母亲能敏感地觉察并温柔地回应，那么婴儿的焦虑就能马上缓解。反复多次之后，生理上的紧张对于婴儿来说会变得不那么可怕，因为对温柔回应的预期有效地缓解了焦虑。如果母亲温柔的回应迟迟未出现，或者出现的是一个手足无措的焦虑母亲，或者是一个面无表情的抑郁母亲，那么婴儿的痛苦难以被有效缓解，他会持续处于焦虑状态。同样的情况反复多次之后，焦虑的婴儿可能会变成抑郁的婴儿：整天半睡半醒，偶尔哭闹，表情木然，缺少健康婴儿该有的活力与热情。

"既然我得不到，那么放弃总行吧"，抑郁的婴儿不得不学会放弃对温柔回应的渴望，他们对欲望进行了过度压抑。长大后他们可能会成为渴求独立、个性刚直、追求完美的人，以此来报复或挑战那个冷酷或忽略的母亲。抑郁者连哭都不允许，更别提其他"利己"的欲望了。也许抑郁者是最压抑的性格类型，比如有的抑郁者觉得天冷了穿衣之类的愿望都是自私与罪恶的。焦虑的孩子有时能得到回应，有时又得不到，所以他们对欲望产生的生理紧张特别敏感，难以轻松地完成压抑的任务。

无论是焦虑的婴儿，还是抑郁的婴儿，其欲望管理水平都出现了问题。那些抑郁或焦虑的患者一般都有一个忙碌的、强势的、有诸多负面情绪的、忽略孩子情感的以自我为中心的抚养者。这类抚养者很少能给婴儿温柔的回应，难免会养出焦虑或抑郁的婴儿。过度自律（过度压抑）会导致心理障碍，因此，适当的欲望管理是有必要的。以下是一些建议：

1.主动表达

"会哭的孩子有奶吃"，对于羞于表达愿望的人来说，每一次表达之后温柔的回应都有助于改变幼时形成的不良关系模式。

2.改变对愿望满足的不合理信念

"有爱故生忧，有爱故生怖。若离于爱者，无忧亦无怖。"这几句话让人很有共鸣，却是得不到爱时的自我欺骗和自我设限。过度压抑者设置了太多愿望满足的壁垒，需要通过觉察的力量逐步修正。不求人看上去很强大，其实是出于胆怯的自我保护；相反地，一个敢于暴露缺点的人才显得真实和强大。

3.对冲动行为的克制

这对于那些从过度压抑转为冲动性爆发的人尤其重要，因为破坏性的表达往往会令人后悔终生。对于过度压抑者而言，当他的愿望能合理表达并被满足，冲动行为就会慢慢减少。

什么叫接纳自己

接纳自己主要指的是接纳自己坏的部分。对于我们身上好的部分，比如自信、阳光、热情、友善，我们会感到满意，并乐于觉察或展示它们；对我们身上坏的部分，比如嫉妒、敌意、贪婪、害羞，我们很难接纳，往往会选择逃避，或者把它们扔给别人。一个人越能接纳自我中的阴暗面，他内在的紧张感就会越少，与周围人的关系就会越和谐。

也许在育儿过程中，面对孩子的不合作，你经常会感到无奈和难过；或者在社会比较中，你经常会有被打败的沮丧感，以及在工作或学习中经常会有失落和愤怒……所有这些与好的自我不一致的经验，很可能会被排斥、疏远、遗忘，比如通过娱乐的方式麻痹自己忘掉它们。你试图继续保持纯粹的好自我，但代价是增加了心理的紧张——那些被你压抑的体验会转变为紧张的情绪状态。

一位妈妈最近被自己吓到了，因为她竟然会时不时地冒出把孩子掐死的念头。她觉得很不可思议，因为自己那么爱孩子，一直努力给他最多的爱，她实在无法理解自己突然冒出的荒唐念头。在心理咨询的过程中，这位妈妈觉察到育儿过程中对孩子潜藏的愤怒、无奈和不满。因为一直想成为好妈妈，以往当这些情绪产生时，她会下意识地屏蔽它们，坚信自己非常爱孩子。慢慢地，她承认有时候确实不喜欢儿子，很讨厌他的某些行为，但她逐渐意识到："我现在能承认我喜欢他或不喜欢他，但我们的关系仍然是令人满意的。"她逐渐修正了之前的自我概念——我对孩子很温暖，我要给他完全的爱；替代为——我和他相处得很好，我努力做一个好妈妈，但我承认有时我不太喜欢他。这种觉察让她更放松了，内心的紧张感减轻了，掐死孩子的念头慢慢消失了。

对孩子讨厌情绪的接纳缓解了这位妈妈内心的紧张感，也改善了她与儿子的关系，所以自我接纳往往伴随着与周围人关系的改善。你去观察生活中那些关系良好、理解他人的人，他们往往是高度自我接纳的人。当一个人对自己采取更少的防御态度，能允许自己去体验丰富的自己，能更加独立地面对自己，能对他人有全面的视角。

当一个人排斥自己身上坏的部分时，那些没有被整合的坏的部分往往会在其他客体上呈现，比如抱怨同伴太普通、工作没价值、伴侣没能力、孩子不争气，其实是在抱怨自己身上那些坏的部分。因此，如果一个人经常让你觉得自己不好，那么你可能被心理操控了：通过炫耀、夸大、贬低等方式，以及这些方式的艺术性结合，对方把自体中的"坏"转移到了你身上。于是，他活在夸大的幻想中，认为你很渺小；你理想化了他，认同了一个渺小的自己。

同样地，我们讨厌别人，往往是因为自身阴暗部分的投射——我们把自身坏的部分投射在别人身上并进行攻击，以此洗白自己，保持了主观上自我良好的感觉。所以，一个人如果更能觉察和接纳自己的阴暗面，意味着这种投射会越来越少，他更能以客观准确的态度对待他人，把他人当成独立的个体。

总体来说，一个人越能宽容自己不够好，就越能感觉到自己的好；越想证明自己很好，反而越会感觉到自己不好。因为前者完成了自我整合，充分接纳了自身坏的一面，有一种整体良好的自我感觉；后者没有完成自我整合，只能不断地用外在的好来打败内在的不好。

用人格结构理论来理解"迷失自己"

经常听到有人说"迷失了自己""不知道自己是谁"之类的话，这些话里的"自己"指的是哪一部分？人为什么会迷失自己？是什么导致了自己的迷失？本文想从精神分析的人格结构理论的角度来探讨这些问题。

一个孩子信誓旦旦地和母亲说："妈妈，以后我会好好听你的话，再也不让你生气了。"孩子是出于什么动机说出这句话的？所谓"听你的话"背后的含义是：我其实不想听你的话，比如我很想玩游戏，但因为害怕你生气（即失去妈妈的爱），所以我会约束自己，不再贪玩了。想玩游戏、搞破坏，或为所欲为，这是来自本我的愿望，但这些愿望被妈妈禁止，于是产生了冲突。最初，孩子因为现实的焦虑（害怕失去妈妈的爱）而约束自己；逐渐地，孩子内化了父母的要求，使它们成为自身的一部分，这部分叫作超我，此时，孩子能通过超我来约束自己。

当孩子把母亲（或父亲）的意志和要求内化为自己的一部分时，内心的结构发生了变化，本我的一部分转变为超我，本我的能量被超我所用，使超我变得有约束力和惩罚性。此时，即使没有外在的惩罚，一个人也能很好地约束本我。如果完成了这个过程，相当于在人的心理结构中发生了化学性的改变，在大脑结构中也会发生相应的改变，神经精神分析学已经对这种内心结构的生理学变化进行了研究。这个过程不是那么轻易可以完成的，完成之后会形成内在本我、自我、超我之间的关系，这三者之间关系的状况决定了一个人的心理健康状况。

有一种人，内心的愿望被较多地压抑，他们在父母面前，在老师或领导面前，表现得服从、压抑、听话，会按对方的意志行事，而不敢表达和确认自己的愿望，不敢坚持自己的主张。当与父母或领导发生冲突时，他们会妥协，把过错或责任归结为自己。或者另一种人，由于超我的理想化成分过分苛刻，经常对自己有强烈的不满。这些人有时候会发出这样的感慨："我都不知道自己是谁？"当别人问他需要什么时，他也说不清楚。即使清楚自己的愿望，表达愿望时也总是存在强烈的阻碍。由于习惯性地压抑本我的愿望，否定自我的主张，他们难免会有一种迷失自己的感觉。

本我像太阳一样充满能量，这些能量来自人的欲望。太阳的能量被其他物体吸收之后，其他物体也充满能量。在本我、自我、超我三种内心结构中，超我和自我本来是没有能量的，它们通过吸收本我的能量而暂时拥有了能量。这种人格结构中能量的三角关系给我们的启示是：充满能量的本我如果被过度压抑，相当于能量被约束了起来，就像乌云遮住了阳光，导致人们感到寒冷。

本我被严重压抑的人往往是冷淡、刻板、循规蹈矩的。在现实生活中，这些人不敢与人冲突，不敢表现自己，不敢表达与满足自己的愿望。久而久之，那种缺乏活力与创造性的性格让他们失去了人格魅力，由于过度压抑愿望满足而形成了各类心理或生理的症状。与此相对的是尽情释放本我能量的人，极端的这类人可能是反社会型人格，或者是具有强烈表演与攻击倾向的边缘型人格，这些人的本我力量没有被很好地约束，没有进入建设性的、被社会容纳的渠道。这类人中的某些人会被投入监狱，由外在的惩罚来约束他们疯狂的本我。

比较健康的状态是本我的能量被升华性地运用，比如一个具有强烈攻击性的人，去从事竞争性的比赛或辩论；一个具有表现欲的人，去从事演员或演讲的工作；等等。本我欲望的升华性运用，既保留了能量，将这些能量为自我所用，又没有对本我进行彻底的改造或放弃。这样的人，不会有迷失自己的感觉，内心的愿望和自我的主张，总是能够得到充分的尊重与满足。

关于对待本我的态度，弗洛伊德引用了一则故事来说明："德语文学中经常提到一个叫作希尔达的小镇，镇上的居民会施展各种聪明巧计。据说，希尔达的居民拥有一匹骏马，它的健壮令居民们引以为豪，只有一个美中不足的缺点——它每天要吃掉大量贵重的燕麦。居民们决定每天减少一点它的食量，直到使它习惯完全节食为止，这样就可以每天只吃一根燕麦，甚至以后可以什么也不吃了。第二天早晨，希尔达的居民发现这匹马死了，但人们不知道它是为什么死的。"（摘自弗洛伊德：《精神分析五讲》）以此类推，那些过于苛刻对待本我的人，会不会导致心理上的衰败甚至死亡呢？所以，想要不迷失自己，你需要觉察内心真实的情感和欲望，然后表达并合理地满足它们，发展出升华的途径。

病理性超我的形成及影响

超我是弗洛伊德人格结构模型（本我、自我、超我）中的一部分，最初婴儿只有本我，即一种为所欲为、追求快乐满足的状态，逐渐地，在本我与外界的相互作用下，自我形成了，它负责以现实的原则满足本我的欲望。之后，为了更好地适应外界现实，掌握社会规则，自我中又进一步分化出超我。超我具有对自我进行观察、批评、监督、反思等功能，遵循道德原则，使自我不断追求完美与至善。超我不仅包含道德良心部分，还包含理想自我，即个体渴望达到的理想目标。

超我形成之后，会凌驾于自我之上，借罪恶感、内疚感（当达不到道德要求时）和羞耻感（当达不到理想自我的目标时）来管理自我。另外，超我和本我一样，也是非理性的，它强迫自我不按照事物本来的面目去认识（缺乏现实主义的态度），而是按照主观上的要求强迫现实适应它。超我越是具有病理性，脱离现实的情况就越明显。

一个女生暗恋某老师多年，经常给他写信，但这些信都石沉大海。一个现实主义的人能够清晰地认识到，这段感情不会有结果，不如放弃。但这个女生秉持"从一而终""坚持到底"的恋爱教条，多年来一直写信。这样的感情不但不令人感动，反而让人讨厌，因为它远离了现实。

来做心理咨询的来访者，大多会有比较严苛、僵化甚至施虐性的超我，在这样的超我的管控之下，本我的欲望被严格地压抑，不得不寻找旁门左道去满足，自我也被不断地鞭策，只能处处讨好，委曲求全。这容易导致现实中的受挫和碰壁，但苛刻僵化的超我仍然不屈不挠，不达目的誓不罢休，因此，这些人遇到问题时喜欢死磕到底，不懂得灵活变通。

苛刻僵化的超我往往会导致抑郁、性压抑、强迫行为、社交焦虑，以及害怕他人评价、承担不必要的责任、心理不够灵活等。在心理咨询中，对超我进行工作，让它变得有弹性和温度，是非常重要的内容。

在弗洛伊德看来，超我形成于俄狄浦斯期（3—6岁），是儿童解决俄狄浦斯冲突后的产物，通过对父亲的认同，形成禁忌与道德感，并放弃俄狄浦斯愿望（即乱伦愿望）。关于这一点学界存在争议，有些精神分析师认为，在前俄狄浦斯期（一般指0—3岁）通过向内投射父母形象形成了超我的前驱物。综合这两种观点，我们可以认为超我是复杂的，既有向内投射的婴儿期施虐性客体形象（经过婴儿自身攻击冲动的投射），也有在俄狄浦斯期形成的反思性的高水平功能。

超我形成于俄狄浦斯期，这意味着在这个阶段与性有关的生活事件，如性引诱、性虐待、手淫、过多的性幻想等，以及父母过度严厉和拒绝的态度，容易导致孩子形成病理性的超我。过早的性活动既让孩子快乐，又让他们害怕、内疚，逐渐形成苛刻僵化的超我。

一个女生在幼时曾经被亲戚性骚扰多年，她非常痛苦，但不敢对父母说，因为她知道说了父母也不会相信，一直默默地独自承受痛苦，这段经历形成了她病理性的超我。她本以为自己受过性创伤，应该不会有性快感了，但青春期后她发现自己有性快感。这让她感到非常罪恶，觉得自己很恶心。为了缓解罪恶感，她幻想着再一次被虐待，她不相信自己真的能获得重生。

女孩之所以不相信自己能够过上美好的生活，之所以怀念以前被虐待的经历，一部分原因是她有一种强烈的被惩罚的需要，只有被惩罚了，比如被虐待或者过上糟糕的生活，才能缓解病理性超我的影响。假设她过上了美好的生活，她可能不断地被一些可怕的幻想左右，时时处于担心和忧虑之中，甚至发展出抑郁症。

除了幼时性经历的影响外，父母过度严厉的教育，过度关注孩子，对孩子快乐的压抑，过多的批评和要求等，也容易形成孩子苛刻僵化的超我。这是一些"过度教养型"的父母，他们对孩子的个人成就有严格的要求，过度卷入孩子的生活。这些父母本身就是苛刻僵化的超我状态，在潜移默化中把这种超我状态传递给了孩子。

本我与超我之间、自我与超我之间的激烈冲突是导致神经症形成的原因。当超我变得具有包容性和现实主义，无意识的超我成分更多地被自我觉察，那么超我与本我之间、超我与自我之间的张力会变得更具弹性，一个人的内在状态也会有健康的转变。

我们会惊讶地发现，那些幼时父母管得很严、有诸多禁忌、被过度关注的孩子，虽然会有不错的学历、体面的工作，但往往听话、顺从、害羞、自卑，不敢表现自己。反而是那些幼时父母不太管的人，虽然受到的教育不多，甚至没考上大学，但充满活力，敢想敢做，富有人格魅力，能取得不错的成就。因为后者的超我是有弹性的，他们的个性是释放的，不会受到太多条条框框的束缚，能充分尊重内心的愿望。为了防止孩子形成病理性超我，父母一方面要尊重孩子的性探索、性愿望，采取理解和引导的态度；另一方面要拥有自己快乐的生活，千万不要把生活的意义全部寄托在养育孩子上，否则，容易培养出压抑的、不快乐的、被诸多身心症状困扰的孩子。

为什么会有成功恐惧

马斯洛提出了约拿情结。约拿得到了上帝的赏识却想方设法逃避上帝交给他的任务，反映出他对成功的心理冲突。人们对成功也是矛盾的，既渴望又害怕。渴望成功很容易理解，但人们为什么会害怕成功呢？

首先，成功意味着被看到，因为人们总是将目光聚焦于那些成功者，而鲜有人会注意默默无闻者。但被关注一定是好的吗？不一定。众目睽睽下，一个人既会有愉悦的感觉，也会有不舒服的感觉；既会有骄傲的感觉，也会有被暴露于众的尴尬感。对于有些自尊不稳定的人来说，被关注时的尴尬、羞耻等感觉非常折磨人，以致想方设法避免体验到这些情感。所以，有些人畏惧成功，并不是他们不想成功，而是畏惧成功之后被人关注时的以羞耻感为核心的负面情感。在集体主义的文化中，人们总以"丢脸"这种羞耻情感来约束他人，所以，相对于西方人，也许中国人更容易压抑个人对成功的渴望。

这种对于被看到的羞耻感即使是在很小的孩子身上也会产生。记得有一次观看小朋友的一场表演，一些五六岁的孩子被要求上台进行才艺展示。我注意到有几个小朋友被推到台上时，表现出羞涩与紧张的表情。即使年纪那么小，也产生了被关注时的羞耻感和压力感。

其次，成功会唤起他人的嫉妒，而承受他人的嫉妒并不那么容易。"木秀于林，风必摧之"，成功者在得到别人赞赏与钦佩的同时，也难免要承受他人的嫉妒的攻击。一个有强烈嫉妒心的人既渴望成功，又会特别害怕成功，因为他们会将自己的嫉妒心投射在别人身上，认为别人想要摧毁他们的成功，所以他们一旦成功，就会处于非常不安的状态。

比嫉妒更有破坏性的情感叫作嫉羡，嫉羡者总想摧毁别人拥有的好东西。当听到某个与自己存在竞争关系的人的不利传闻，一些人会沾沾自喜，因为他们内心潜藏着摧毁成功者的愿望。一个嫉羡的人见不得别人好，甚至无法利用别人的帮助。比如，某人向他的朋友提供了一个有价值的建议，对方不但不感激，还会想方设法贬低这个建议，因为他无法忍受那些有趣的想法和建议来自别人。

最后，可以从俄狄浦斯冲突的角度来理解。一些有俄狄浦斯情结的男子既渴望打败父亲，又害怕打败他，因为后者会唤起强烈的内疚与罪恶感，以及被父亲报复的恐惧。成功从象征意义的角度代表俄狄浦斯愿望的达成，即乱伦愿望与弑父愿望的达成，这当然会唤起被惩罚的恐惧以及相应的内疚与罪恶的情感。

有俄狄浦斯冲突的人往往在考试或竞争性的场合特别紧张，究其原因有两个方面：在潜意识里他们害怕自己考不好，这是现实的原因；在潜意识里他们害怕考得太好，这是神经症性的原因，因为后者象征着打败了父亲。既怕考不好又怕考太好的心理冲突，既渴望成功又害怕成功的心理冲突，让他们在考试时过于紧张。所以，他们的考试成绩总是大起大落，这次考好了，下次又考砸了，他们通过这种抵消的方式潜意识地呈现了对成功的心理冲突：有时满足了打败父亲的愿望，有时又向父亲低头臣服以求和解。

一个男子被提拔到中层领导位置后，开始出现失眠、焦虑、身体不适和强迫等症状，这是因为当领导后的成功感唤起了他没有解决的俄狄浦斯冲突。在象征层面，成为领导意味着替代了父亲的位置，这唤起了潜在的罪恶感与恐惧感，因此他以失眠焦虑等症状惩罚自己，缓解俄狄浦斯冲突。

根据上述分析，只有充分修通自恋、嫉羡和俄狄浦斯冲突的人，才可以心安理得地获得成功。这些方面没有充分成长的人，要么想方设法回避成功，要么强迫性地追求成功，或者在成功与失败之间摇摆，无法以坦然的心态面对成功。

是什么在阻碍人的改变

很多人经常会在改变与恢复原状之间摇摆，在减重、戒烟、戒网瘾的过程中不难发现这种现象。每当改变真正要发生的时候，往往会因为各种理由退缩回去。存在就是合理的，无论是那些心理症状，还是一段糟糕的关系，都有存在的依据。在这些依据没有被充分理解和克服之前，改变是不稳定的。精神分析很重要的内容便是理解这些阻碍改变的因素，以更好地促使改变的发生。阻碍改变的因素主要有两种，一种是获益，另一种是身份认同以及告别旧对象。

疾病或症状往往能带来一些好处，主要包括两种获益。一种是原发性获益，即因为症状的出现而使心理冲突处于平衡之中。比如，在亲人去世后没有妥善处理哀伤的家庭中，往往会出现心理障碍的患者，通过患者使那些无法言说的哀伤得到间接的呈现。如果想使"病人"恢复健康，需要整个家庭去处理这种哀伤，但这是成员们都拒绝的（比如不愿意真正和死者告别）。另一种是继发性获益，即症状能够带来额外的好处。比如，在父母和老师的过高期望下某位高中生出现了强迫性的被害幻想，这一强迫症状使她免除了周围人过度期望而产生的巨大压力。她没有力量去直接反抗周围人，也害怕面对真实的愿望，但症状的出现使她有了充足的理由。

接下来是第二种常见的原因，即与某个过去的身份告别。人们对于过去的某个长久形成的身份，会有强烈的认同感，对于与过去身份相关的其他人，会有强烈的联结感。即使是一个"负面"的身份，如病人、低收入者等也存在认同感和联结感。因此，身份转变时，除了有积极的情感之外，也有可能伴随着消极的情感（焦虑和内疚等）。如果这些消极的情感没有被很好地处理，可能会陷入强迫性重复的深渊，而难以有真正的改变。

一个从小不开心的女人通过自己的打拼建立了美满的家庭，孩子刚刚出生，家庭的经济状况有了明显的改善，一切都有越来越好的趋势。但她很幸福也很内疚，因为忘不了家里孤独的母亲。于是她把母亲接过来，准备让她安度晚年。这个善意的决定破坏了所有的美好，母亲糟糕的性格，让整个家庭陷入了频繁的争吵。最终夫妻离婚，家庭破裂，她重新回到了不开心的状态。也许导致她重新回到不开心状态的原因是多方面的，但我们不难发现因为新身份（一个快乐幸福的女人）而产生的内疚（对不起那个抑郁不快乐的母亲），让她做出了错误的决定。

弗洛伊德曾在《梦的解析》中记载了一个著名作家的例子。这位作家曾经是一个在作坊打工的普通工人，长年处于困难的生存环境中，被老板苛刻地对待。后来他通过努力逐渐成名，直至成为著名的作家。成功后的他却时不时地梦到重新回到以前的作坊，又过上了那种艰苦的生活。虽然不能说他渴望回到过去那种生活状态，但对于过去那段生活，他也许存有强烈的情感联结，比如他的青年时代和他曾经爱过的人。或许这些潜在的对过去的认同感和联结感让他频频做这样的梦。

因此，只要涉及改变，往往不是一次就能成功的，而是要经历一个反复的过程，社会革命如此，心理改变也是如此。要有心理改变，既要让内心的冲突得到解决，克服种种潜在的获益，也要与过去的身份和对象告别。因此，改变的过程中，既有释放的轻松感（心理冲突得到解决），也有轻微的焦虑感和内疚感（适应新的身份，与旧的身份的告别等）。对于改变，你准备好了吗？

为什么自我关注是令人痛苦的

弗洛伊德认为心理健康的标准是"爱和工作",这个言简意赅的回答道出了心理健康的真谛,就是减少自我关注,将能量运用到爱与工作中。哲学家罗素有一句名言:"幸福的获得,在很大程度上来源于消除对自我的关注。"说的也是同样的道理。

在临床上,很多心理疾病患者康复,正是因为走出了自我关注,把精力投注于工作、学习或爱的关系中。"森田疗法"的创始人森田正马的成长经历就是这样。森田从小体弱多病,有明显的神经质症状,12岁时还尿床,16岁以后时常头疼、心跳快、容易疲劳,还有其他神经衰弱的症状,中学时曾患肠伤寒病,虽多方求医,坚持治疗,但收效甚微,总是为自己的健康担心;直到他上大学一年级时因受症状的折磨,难以坚持学业,考试将至,感觉难以应付,抑郁气愤之下放弃了一切治疗,努力地学习。结果出乎意料,考试成绩很好,而且多年缠身的各种症状也有所好转。

从精神分析的角度来理解,森田正马当时可能是一个疑病症患者,总是关注身体的不适,忧虑自己的状态,试图用各种方法解除痛苦，最终陷入了自我关注的泥淖。康复来源于他最终"放弃了治疗"，这种放弃导致了心理能量的转换，从内倾转向外倾，使能量有了释放的途径。很多抑郁或焦虑的患者试图通过反复思考、仪式性行为等不断地自我关注来消除痛苦，结果走进了死胡同——糟糕的情绪越来越多，症状越来越严重。但当他们放弃了这些自我关注的思考和行为，开始学习或工作，和人建立有情感的关系，痛苦就得到了缓解。

亲密关系丧失（比如失恋或丧偶）之后哀伤的完成，其标志是一个人重新恢复了对他人、工作等的兴趣，也就是将心理能量投注于外界，而不再沉溺于自身。一个有躯体痛苦的人，往往只会关注身体痛苦本身，而丧失对他人的兴趣，所以，身体的痛苦往往会影响亲密关系。"久病床前无孝子"可能也来源于久病者过度的自我关注，无法与周围人形成情感的关系，最终导致周围人的厌弃。

那么，为什么过多的自我关注令人痛苦，减少了自我关注就能得到心理的解放呢？为了理解这背后的心理机制，我们需要了解一下弗洛伊德的力比多理论。力比多（Libido）指的是推动人活动的心理能量，力比多淤积令人痛苦，力比多释放令人快乐。通过一些途径释放力比多，是每个人都需要学习的。如果力比多释放的途径受到阻碍，淤积的力比多会产生紧张的感觉，出现心理痛苦和心理症状。

力比多的投注有一个发展的过程。在婴儿期，力比多投注于自身，这是原始的自恋状态。然后，力比多逐渐地投注于客体（抚养者和其他人），这便形成了爱的关系。从最初的对父母的爱，到后来的友谊和伴侣之爱，以及亲子之爱，背后都有力比多的驱使和满足。通过这样的发展，一部分力比多仍然投注于自身，通过自恋的行为或幻想得到满足（每个人或多或少都是自恋的），还有一部分力比多投注于外界，通过爱和工作得到释放。这种发展一方面减少了力比多淤积于自我的痛苦，另一方面也完成了社会化——一个以自我为中心的婴儿慢慢变成了愿意与他人建立爱的关系的人。

如果因为各种原因，比如外在客体的无情和拒绝，力比多的投注受到挫折，就有可能反过来重新投注于自身，这便是继发性自恋。重新投注于自身的力比多，如果转变成一种自大狂的状态（显性自恋者），力比多仍然有一条释放的途径。因此，自大狂虽然令别人不爽，但不容易出现心理症状。如果没有转变成自大狂状态（隐性自恋），无法充分释放的力比多就会以疑病症、神经衰弱、强迫症等心理疾病的形式呈现。

在《论自恋·导论》中，弗洛伊德写道："当力比多的自我关注超过一定量时，对自恋的超越便成为必需……欲阻止患病，最后的手段便是开始爱；若不能爱，挫折必导致患病。"他引用了德国诗人海涅的诗：

疾病无疑是创造背后所有推动力的最终因子。
借由创造，我得以复原；
借由创造，我变得健康。

已经有了理论的解释，那么，我们要怎么做才能减少自我关注，实现心理健康呢？

1. 去发展爱的关系

有了爱的对象，避免了力比多在自我中的淤积，减少了自我关注，这为开启心理健康状态提供了可能。当然，伴侣关系中也有痛苦，但这些痛苦弱于自我淤积之苦。毕竟，关系中虽有痛苦，但也会有温暖和释放，而沉溺于自我关注只会带来痛苦。一些研究也发现，已婚者的幸福感高于单身者，有孩子的夫妻幸福感高于丁克一族（研究结果是从统计意义来讲的，具体到个人则不一定），可见爱的关系是缓解心理痛苦的良药。对于很多人来说，完成社会要求每个个体的任务（学习、工作、结婚、生子等），对心理健康是有助益的。

2. 投入地工作、学习、创造、分享

一些人赚了足够多的金钱后辞职在家或周游世界，但闲下来后却发现，生活反而不像之前那样快乐。从精神分析的角度来看，从事有成就感、创造性的工作，能充分释放力比多。从事没有创造性的工作，又不能建立力比多释放的其他途径，是这些人痛苦的原因所在。

3. 提升自我觉察力，减少自我关注

当我们发现自己在自我关注时，比如努力想着怎样让自己开心起来，试图想通某个自我问题，以及对自己的利益、前途等过多关注，不妨停止这些关注，把注意力转移到其他的事情上，如学习、娱乐、工作、聊天、做事等。这是在主动调节力比多释放的途径，从自我关注中走出来。在正念观呼吸练习时，每当发现自己分心时，提醒自己放下这些关注，回到呼吸本身。这既是在训练一种自我观察的能力，也是在培养一种从自我关注中跳出来的习惯，每一次放下，都是在放弃我执——一种力比多在自我中淤积的痛苦状态。

最后要说明一下自我关注与自我觉察的区别。自我关注是指关注自己的容貌、身体不适、表现、反应、利益得失，试图想通关于自我的某些问题，沉浸于某些与自我有关的想法中。自我关注时，自我会与想法或冲动融为一体（认知融合）；自我觉察时，自我会与想法或冲动分离（认知分离）。比如，我在网上发表了一篇文章，然后不断地关注有没有人点赞或评论，并感到开心或受挫，这是自我关注。我知道我有了想看点赞或评论的想法和冲动，这是自我觉察。自我觉察能够给力比多在自我的投注时踩一下刹车，减弱力比多淤积之苦。

对控制感的强烈渴求

有些人坐车会晕车但开车不会，为什么会有这种差别？只用生理原因来解释是不够的，毕竟在两种情况下，车子震动带来的生理影响是类似的，从心理学来讲，主要在于控制感。坐车时人在一定程度上丧失了控制感，所以害怕被控制的人会唤起潜在的焦虑或无助感，这些情绪与车子晃动带来的不适感混合在一起，让人产生晕车反应。而一个不害怕失去控制的人就没有负面情绪，车子晃动带来的不适感处于可以忍受的范围，甚至会享受车子震荡带来的轻微快感而慢慢睡去。

楼上装修工的冲击钻发出刺耳的声音，楼下的住户听得非常烦躁，恨不得上去痛骂一顿，但装修工正在认真地干活，完全没有受到声音的干扰。原因在于，那是他自己发出的声音，他甚至可能为自己制造出的声音而感到自豪。同样地，开车时司机有一种主动和掌控的感觉，这种控制感让人可以忍受那些不舒服，并享受开车带来的愉悦。

人们因为刺耳的噪声感到烦躁，是出于愤怒——自己的空间被干扰的愤怒。如果没有强烈的自我边界感或自我掌控感，也许，噪声所带来的情绪反应是有限的。内观练习要求练习者只是去觉察声音的存在，而不产生嗔恨的反应，练习者会发现，当不产生嗔恨反应时，噪声带来的干扰并不明显。

一些对坐飞机、坐火车感到很害怕的人，或者一些产生幽闭恐惧的人，他们真正害怕的也是失去控制。在这些情景下，主导权都不在他们身上，这对他们来说是一种危险的情景，于是焦虑产生了。如果他们过度关注这些焦虑反应，也许会转变成强烈的惊恐体验。

我们会发现，那些特别强调控制权的人，往往显得很自我。他们只相信自己的判断、观点、做法，而不相信别人。如果想走进他们的内心，需要耐心与坚持，即使如此，也要防止他们随时撤退，这在亲密关系中是极大的考验。他们在与别人的关系里设定了明确的边界感，一旦别人侵入，就会产生强烈的反感与愤怒。

失去控制对他们来说是一种危险的情景，他们采取"反抗—逃跑"的生存策略。对于采取反抗策略的人来说，一方面他们害怕被人控制，另一方面他们却在不断地控制别人。他们只有在控制别人时，才会消除被人控制的恐惧。

这类人对控制过度敏感还有其他的表现。在学校里，他们会找出各种理由不做作业，或者尽量拖延，或者很痛苦地完成。他们觉得，做作业是老师的要求，而凡是要求，就会激起他们的反抗。他们还可能习惯性地迟到，通过迟到来潜意识地反抗老师。在工作环境中，他们对任何命令、要求、规则都会很反感。当他们不得不遵守时，心里会有强烈的愤怒和无助。他们特别讨厌上班，因为上班时控制权不在他们身上，对于他们来说极为消耗身心。他们渴望自主创业或自由职业，那种自在的感觉是他们向往的。或者，他们要处于掌控的地位，成为领导和主管。

在心理咨询中，对控制过度敏感的人一般有两种表现。一种是表面上很顺从，但内心很警惕，说话小心翼翼，试探着陈述，不太会暴露情绪，并随时准备撤离。咨询带给他们焦虑，被咨询师主导让他们有一种不安感。第二种表现是不断地挑剔、攻击咨询师，或者以各种方式表达潜在的反抗（迟到、忘记咨询等），背后的原因可能是想反转不利的位置，获得控制感。

如果他们能够在生活的其他方面，比如与伴侣的关系中得到控制感的补偿，那倒能勉强维持心理平衡。一旦生病或者因为各种原因失去了掌控感，他们就会频繁体验到焦虑与抑郁。

那么，对控制的过度敏感，以及内心潜藏的控制别人的愿望又是怎么产生的呢？我们不得不回溯幼时的亲子关系。如果父亲或母亲是很喜欢控制的人（可能他们也有被控制的成长经历），表现为处处打压孩子的要求，过于严格无情的训练，各种规则的强调，直到青春期也不愿意放手，完全不尊重孩子的意愿等，这样一来，孩子便频频感受到被控制，以及相伴的愤怒与沮丧。

为了应对这种糟糕的关系，这些孩子采取向攻击者认同的方式解决这个问题，即所谓的"以其人之道，还治其人之身"。具体表现有两方面：要么直接和父母对抗，变成父母眼里不听话的孩子；要么对父母言听计从，但以各种"非暴力不合作"的方式来表达反抗，或者在其他可以控制的对象那里得到补偿。于是，他们的生活变成了为控制权而斗争的状态，他们身上复制了父母传递过来的控制与反控制的关系，像有一个"控制探测器"那样，随时察看着可能出现的控制。

另一个原因和自恋有关。自恋者只想自己被重视，自己的要求被满足，处于主导的地位，而不愿意迎合或顺从别人。这也反映了在成长过程中父母严重缺乏对孩子的理解。

要让一个渴望掌控感的人放下控制是非常困难的事情，如果没有控制权，他们简直生不如死，他们害怕再次体验到幼时的痛苦。一个非常有掌控感的企业家，在出现家庭问题时被迫前来心理咨询。他看不到自己的问题，觉得给家庭带来了很多的金钱，家里还有两个可爱的孩子，妻子为什么要离开他。他是众多协会的成员，保持着丰富的社会关系，经常不在家，对此，妻子颇有怨言。但他认为作为生意人，就需要保持和很多人的关系，妻子应该尊重他才对。当咨询师建议他让生活节奏慢下来，尊重妻子的要求，中断一些不必要的关系时，他的态度是拒绝的。

对于控制过度执着的人，需要体验"失去控制"的感觉。也许你会恐慌或无助，但当你以觉察的态度面对它们时，你在学习忍受与面对，慢慢发现现实状况与幼时环境不同，走出强迫性重复的循环。在亲密关系中，你能体验到失去控制（把自己交出去）所带来的亲密感和安全感。你会慢慢学会放手，放手别人也放手自己，让自己和他人都能放松下来，真正感受到良好关系带来的愉悦与轻松。当然，这也是一个需要不断探索的成长过程。

为什么会承担过多的责任

当遇到问题时，人的第一反应往往是把责任推给别人，为自己开脱，这是一种自我保护的策略。但有些人却习惯性地把责任交给自己，即使只有部分的责任，他们也会认为自己应该承担百分之百的责任。这种过度的自我负责让他们经常有沮丧与自卑的情绪，很难坚定地表达自己的需要和情感，总是承担一些不必要的压力。

比如，与人相处出现冷场时，他们会责备自己不会说话，认为自己太内向，于是他们急着跳出来救场，或者为找不到话题而焦虑不安。他们没有意识到，冷场是一个"场"的问题，是大家的问题，或者根本不是问题，是人际交往中难免会遇到的情况。在亲密关系中，他们很难面对分手，总觉得如果自己再努力一把，就有挽回的可能，如果放弃了，就意味着自己不够有担当，太自私了。当伴侣生气时，他们不太会反击，一般会认同对方的说法，开始自我责备，即使心里有不满也不敢表达。

只有在一种情况下——关系中的一方受到别人欺负时，他们才会没有阻碍地释放内在的攻击性，此时，我们会惊讶地看到他们非常果断和有力量的一面。比如，当朋友被欺负时，他们会大胆地跳出来驳斥，为朋友两肋插刀，不惜与他人发生强烈的冲突。或者，当心爱的人受伤时，他们会义无反顾地站出来，为此拼尽全力。而一旦涉及自身利益要和别人发生冲突，他们就一下子蔫了，脑海中不断冒出自我怀疑的想法："是不是我太小气了""对方会不会觉得我太计较了""我这样是不是有点过分"。这些自我怀疑阻碍了内在情感和需要的表达，让他们变得特别小心翼翼。

为什么他们会形成过度负责的特点？在他们的成长经历中，往往会有一个需要拯救的对象，很多时候是一个弱小无助的母亲，或是一个濒临破碎的家庭。这个母亲在与她丈夫或亲戚的相处中，往往处于弱势、被欺压的地位。在这样的家庭中夫妻关系往往不好，冷漠、疏离、隔阂、冲突是常态，家庭中难得出现温暖与和谐。

孩子从小就能感受到妈妈的无助，以及爸爸或周围亲戚的冷漠无情。去拯救这个无助的妈妈，去拯救这个濒临破碎的家庭，成为这些孩子"不得不"的选择。毕竟，妈妈是他们最重要的对象，家庭是他们最安全的基地，妈妈开心了，家庭和谐了，他们才会觉得安心。关注妈妈的需要，听妈妈的话，为妈妈出头——他们总能敏锐地察觉妈妈的需要，处处小心谨慎，以她为中心。除此之外，好好学习，取得好成绩是很多聪明的孩子会做的事情。这些孩子可能会成为优秀孩子中的一员，不过，他们往往会失去童年常有的快乐。

无助的妈妈往往在情感上不够独立，会把孩子当成依赖的对象。于是，亲子关系可能是颠倒的，妈妈将无法从丈夫身上满足的依赖需要放在孩子身上，妈妈把承受的诸多痛苦，有意无意地施加在孩子身上。所以，无助的妈妈可能也是一个情感剥削的妈妈，孩子被迫成为一个承担妈妈痛苦情绪的容器。

在这样的亲子关系里，孩子迷失了自己，妈妈或糟糕的家庭成为他最关注的对象，自身的需要和情感则变成第二位的。当自己的需要与妈妈的需要发生冲突时（由于这样的妈妈往往有剥削的特征，所以冲突其实是难免的），为了保护妈妈，孩子会选择压抑自我，严格的超我就这样形成了。他们会建立非常苛刻的道德标准，很难为自己着想，把正常的自我需要都贴上自私的标签。哪怕他们年龄不小了，到了该脱离家庭建立自己亲密关系的时候，他们仍然难以放手原生家庭，难以为自己着想。他们往往会成为糟糕家庭或无助妈妈的牺牲品，即使在别人看来他们是成功的，但其实他们内心并不快乐。

他们之所以会过度自我负责，是因为防御自私的需要。正常人能够承认自私的需要，虽然偶尔会内疚，但不会为此焦虑不安。而他们难以承认自私，对自私有一种条件反射式的恐惧，在潜意识里，为自己着想也许会摧毁那个弱小无助的妈妈。如果因为外在压力导致抑郁症发作，苛刻的道德标准会进一步升级到自罪妄想，比如"我太自私了，我只想着自己""我有罪，因为我把剩饭倒进了垃圾桶，太浪费了"。

因此，孩子的乖巧懂事可能是一种"假我"，是为了拯救家庭、拯救妈妈发展出来的适应性人格成分，代价是迷失了真实的自己。一方面，真实的需要和情感很难表达出来，特别是当这些需要和情感与他人发生冲突时，他们会非常紧张，自我怀疑甚至压抑。另一方面，由于一直压抑自我，真实的自我没有被尊重和理解，他们的内在潜藏着"巨婴"。在潜意识的幻想里，他们以为凭一己之力，可以解决任何问题，他们的过度负责，背后也有"巨婴"的影子。潜藏的"巨婴"会让他们很难面对失败，很难承认自己的局限，总是过度负责，这会成为他们新的痛苦的来源。

改变的途径是去承认和面对内心真实的需要和情感,去认识内心的痛苦和创伤,逐渐走出诸多非理性道德框架的束缚,客观准确地认识自己、认识家庭、认识父母。通过这个自我探索的过程,慢慢地释放压抑的情感,减弱苛刻超我的制约,敢于呈现和表现真实的自我,逐渐感受到自我表达的畅快与释放。

工作与人的成长

由于"996"工作制被广泛讨论,人们开始深入思考工作方面的问题:什么样的工作是好的工作?怎样让工作成为促使个体全面发展的活动?

一听到"工作"这个词,也许你唤起的是一些不舒服的情感:害怕、排斥、紧张、忧虑、压力……或者为了逃避面对第二天的工作,你迟迟不肯入睡,想再多刷一会儿网页,多看一会儿视频,多聊一会儿天……如果是这样,你的工作可能存在着某些问题,需要你做一些改变。

除了睡眠之外,学习和工作几乎占据了一个人人生的大部分时间。如果学习和工作是一个人不断想逃避的活动,那么这样的生活是悲哀的;相反地,如果学习和工作能不断让人体验到愉悦和价值,那么幸福感就会大大提升。为什么同样是工作,有的人乐在其中,不断自我成长;有的人却一边忍受着工作的压力,得了"晚睡强迫症""拖延症",不断地幻想着"诗和远方"?我们先来看看什么是好的工作,我提出了好工作的三个心理标准:提升自我价值感、释放内驱力并发展自我、与更大的社会价值相联系。

第一个标准:不断提升自我价值。

每个人都要有一种自我价值感,即"我的存在是有用的、有益的,能够满足别人需要的",这是社会对每个人的基本要求。除了外在的社会压力,在心灵深处,超我中的"理想自我"像一个审判者和监督者,一直在鞭策着现实自我,希望它更努力、更上进、更成功,以此达到理想中的标准。不断提升自我价值的工作,既能满足社会对个体的要求,又能缓解超我对自我的压力,这个标准特别适合那些有严苛超我的人,工作产生的价值感可以充分解决他们的心理冲突。

因此,无论在社会外部,还是在心灵内部,每个人都承受着"天天向上"的压力。取得成就能缓解压力并带来价值感,而缺乏成就则会体验到绵绵不断的低价值感。当然,这种压力感与个体理想自我、现实自我的张力状态有关。无论是厨师、工人,还是医生、教师、公务员等,都通过自己的劳动形成某种产品或服务,满足他人的需要,这些工作能够带给个体一种"被需要"的感觉,提升自我价值感。如果一个人的工作更重要,比如领导、高管、资深专家,工作带给他的价值感可能会更大。

工作能带来价值感，缓解理想自我与现实自我的张力。所以事业心很强的人，从积极意义来说，他们心态积极，乐于奉献，为社会和他人做出了很多贡献；从消极意义来说，他们内在张力大，经常有低价值感的体验，因此强迫性地需要工作来缓解压力。老人拿着退休金，每天轻轻松松地生活着，看上去很悠闲，但习惯了通过付出来获得价值感的人会唤起强烈的焦虑和不安。理想自我与现实自我张力很大的老人难以安心享受照顾。因此，他们要通过工作继续获得一种"被需要"的感觉，缓解理想自我与现实自我之间的张力。

第二个标准：为内驱力的释放提供建设性的途径，不断地丰富和发展自我。

内驱力指的是本我中的性欲望、自恋愿望、攻击力等本能欲望，内驱力的压抑让人痛苦，内驱力的释放让人快乐。如果找到本能满足的升华途径，自我还能不断地丰富和发展。弗洛伊德在《文明及其缺憾》一文中论述了工作的意义："工作有价值，是因为工作和与工作相连的人类关系所提供的机会，大量地释放了力比多的部分冲动……当维持生计的日常工作可以经过自由选择，也就是说，通过升华作用，可以利用存在的倾向和保存其力量的本能，或者因为结构上的原因而有比平常更强烈的本能冲动的时候，工作就提供了特别的满足。"

推动人活动的心理能量（内驱力，包括力比多、攻击驱力）在不断地积累着，积累后的痛苦让人一直在寻找释放的途径。通过工作以及相伴的创造、竞争等，都能充分地释放内驱力，恢复心理的平衡。最能带给人满足的工作往往是那些充满着竞争性、创造性、不确定性的工作，比如创业、从政、科学研究等。

为什么即使知道创业是"九死一生"，但人们还是前赴后继？除了因为创业有暴富的可能，还因为创业这种不确定性和开创性的工作能更充分地释放内驱力。在股市"一赚二平七亏"的情况下，仍然有很多人杀进股市，幻想着打败别人和一夜暴富，这些更具释放性的幻想激励着人的投机行为。因此，内驱力得到彻底释放的活动，对人有极大的吸引力，如果一个人能够从事建设性的且能充分发泄内驱力的活动，将会带来极大的满足。

例如，科学研究是去探索未知的母体，发现并创造自己的学说体系。在这个过程中，既有力比多的满足（探索的欲望），又有攻击驱力的释放（向未知挑战），还有自恋的满足（创立学说并得到认同），所以能唤起人极大的热情。

而不能带给人满足的工作则是那些重复性的、缺乏创造性的工作。我曾见过流水线的工人，每天就重复几个动作，很难想象这样的工作能带来内驱力的释放。由于社会分工的细化，很多人从事着无法释放内驱力的重复工作，这是非常令人不满的。工作之余的休闲活动能在一定程度上缓解这些痛苦。有些人退休后变得病恹恹的，就在于缺乏内驱力释放的途径，内驱力聚集于自身，形成了过度自我关注的状态。面临外在的风险，反而能够激发斗志，充分地释放内驱力，使心情好转。所以他们不自觉地让自己继续忙碌着,防止内驱力淤积的痛苦。

第三个标准:与更大的社会价值建立联系。

人有一种与更大的社会价值建立连接的需要,比如为社会做贡献,为国家服务等,当这种需要被满足时,人一方面能够确立自己的价值,另一方面能与社会产生情感联结,体验到"社会感"。

成功的领导者,往往通过愿景来激励员工。马云的演讲很有鼓舞性,一直强调"用互联网改变社会"。华为的愿景是"共建更美好的全连接世界",在这种愿景的召唤下,华为人一直艰苦奋斗。

抗战时期毛主席提出"建立一个新中国"的愿景,激励着共产党人努力奋斗。新中国成立之后,又提出"全世界被压迫人民、被压迫民族团结起来,打倒帝国主义及其一切走狗"的口号,赢得了第三世界国家的广泛赞同,让中国真正成为世界大国。这些具有更大社会价值的口号,能够充分激发个体的热情与斗志。

有了这三个标准,我们就可以思考真正的好工作,让学习或工作成为人全面发展的途径。可以从两个层面来展开。

一是组织层面,让工作本身变得有趣,既有压力又有弹性,激发创造性,提升员工的价值感,增强与社会的联结。这是企业家、政治家、社会学家的事情,关键在于建立人性化的工作氛围和工作制度。我认为所谓人性化,基本的要素是:温饱没问题、有尊严、有成长、竞争又和谐的关系、充分自由支配的时间、社会感。那种"领导还没走,我不能走"的压力是不应该有的，这是一种充满控制性的工作关系，只会唤起员工潜在的压力和反感。一个投入工作的员工所花费的时间，可能远远超过"996"的时间并乐在其中。而只是靠外在压力逼迫的"996"工作，只会造成虚情假意的工作关系、过高的离职率，以及日益受损的身心健康和家庭关系。

发达国家一些著名企业的工作设计是值得参考的。比如谷歌，让员工免费享受三餐、零食、洗衣、健身，以及弹性的工作时间，不过分严厉的考核制度等。当然，这个问题的关键是处理好追逐利润与人性化发展的关系，需要人们不断探索。

作为一名心理工作者，我主要谈第二个层面，即个人怎样设计和规划自己的工作，让工作成为一项激发心流、提升自我价值、拓展自我的活动。这可以从以下四个方面来展开：

第一，在挑战与能力之间做好平衡。

人需要挑战，一个有成长性的人会主动去打破平衡，从不平衡到平衡的过程中不断地丰富自我，感受到心流。比如你要去主持一项团体活动，这个任务对你的挑战性较高，同时，因为你已经有充分的经验与临场发挥的能力，所以你能胜任这个工作。在整个活动过程中，你全身心地投入，充分地体验到心流。

一般来说，挑战水平偏高，技能水平偏高的活动，更容易产生心流体验。相反地，如果你的能力和经验不足，这项活动会带给你强大的焦虑；或者，这项任务对你来说挑战性很低，你可能会觉得无聊。举个例子，喜爱运动的M先生最近觉得运动有些无聊，后来发现原因在于他的运动难度太低了，运动后身体没太大感觉。后来他不断地增加任务难度，让它变得更有挑战性，他对运动的投入与热情又增加了。

当你发现一件事情充满挑战，但自己技能不足时，应当及时学习新的技能以应对挑战；相反地，当一件事情挑战不足时，适当地增加难度，也能帮助你更好地进入心流的状态。

第二，设立明确而具体的目标，并主动寻找反馈。

阿图·葛文德是2010年"全球最具影响力100人"中唯一的一名医生。他曾经描述，自己工作多年之后，虽然已经达到一定的水平，但总是感觉不够满意，总是感觉突破不了上升的瓶颈。于是，他自己出钱雇了一位退休的资深外科医生，请他在自己手术时旁观，然后给出批评意见。这种有反馈的方式让他更积极地投入到手术中，结果发现，在很多细节方面自己是有上升空间的。

很多人通过设立具体的目标和反馈，让看上去无聊的工作充满了心流体验。一家影视器材组装厂的很多装配员觉得工作无趣，但为了生存，他们不得不从事着这份工作。而一位叫小李的装配员的感觉很不一样，他不仅完成任务，而且设立了挑战性的目标。每天大约有400台摄影机传送至他面前，他有43秒的时间检验音响系统是否符合规格。多年来，在试验各种工具和移动模式之后，小李已经能将检验每台机器的时间缩短至28秒。他就像打破奥运纪录的选手，以自己的成就为荣。（摘录自《心流：最优体验心理学》一书）

当目标越明确时，人们对于自己能否胜任就越有把握，也越能专注地努力。寻找反馈能够帮助人及时做出调整，避免反复碰壁而消耗热情与精力，同时也能不断得到正性的鼓励。

第三，列出工作的优先次序。

花旗银行前总裁约翰·里德每天早上都会花时间安排事情的顺序，他说："我是列表大师，不管何时，我都有20张表列明待办事项。如果我有几分钟空闲，我就坐下来列表，写出应该考虑的事。"有些人会在临睡前将第二天要办的事情列出来，这个看上去简单的做法能帮助他们更快地入睡，睡眠质量也能得到提高。列出的事项越具体详尽，提升的效果就越明显。通过列表，将纷乱的思绪整理妥当，能够有效地缓解焦虑。另外，你需要设立好任务的完成时间，这能让人有更强的时间压力，使其聚焦于当下的任务，进入全情投入的状态。

第四，减少外界干扰。

为了营造心流体验，非常重要的是心无旁骛，不受其他事件的影响。如果你要开始工作了，很重要的是屏蔽那些会影响你专注于工作的东西，比如将手机调至静音，或者关闭微信、QQ的提醒功能等。你可以在工作一段时间之后，检查那些必须要回的信息，一次性回复，而不要让这些信息干扰你的工作。

我们都需要工作，无论是知名企业家，还是普通员工，工作不仅是人类向大自然发起的挑战，也是向自身发起的挑战。在这个过程中，人类改造了自然，也改造了自身，让本能欲望有了一种升华的途径，使个体转变成一个有意识、有目的、有技巧的人。但我们要的不是强势规定的工作，而是符合人性的、不断激发心流、提升自我价值、拓展能力边界、提高社会感的工作。只有这样的工作，才能成就有意义的人生。

让生活留白的意义

每个人都需要从现实生活中撤离出来，以获得精神能量的补给。睡眠便是一种撤离的方式，幻想、小说、电影、游戏、性爱等也是暂时撤离的方式。下班回家后能够看看电影，喝点小酒，玩玩游戏，从压抑的生活中逃离出来，才有精力去应对并不喜欢的现实。

一位男子会不自觉地长时间陷入幻想中，或者不停地在网上刷各种视频，他只是不想面对那些令他烦恼的事情，幻想和视频能让他从压抑的现实中逃离出来，获得片刻的喘息。一个压力很大的公司高管，每当他坐在车上时，就会开始发呆，这种从现实中暂时撤离的方式，让他下车之后心情好很多。心理咨询也是一种从现实生活中撤离的方式，在心理咨询中，探索、体验、回忆、对情绪的觉察、对梦的讨论，这些与现实生活有距离的内容，这种与过去的自己联结的方式，让人感受到自己的另一面。

不过，随着社会竞争的加剧，人的自我空间似乎不断地被挤压，现代人普遍被现实事件占据得很满。比如好不容易下班，可以离开单位的领导和同事了，但微信或QQ群又一次把彼此联系在一起；好不容易下课后可以自己待一会儿，但班级群里又热烈地讨论起明天的计划。

当生活被排得太满时，人会觉得压抑，产生对自我的迷失感，并使快乐体验受限。缺少快乐的生活是可怕的，因此离职、远行等是现代人向往的事情。

可悲的是，这种压抑的感觉也在向孩子延伸，天真烂漫、懵懂无知的孩子似乎越来越少，聪明博学、掌握各种特长的孩子越来越多，这一切来自无处不在的学习压力。白天在学校里学习，回家后马上要做作业，然后参加辅导班，在家长们的心中，似乎孩子是全能的。焦虑的家长根本没有意识到孩子的负担。

玩耍是从现实任务中撤离，进入一种和自己相处的状态，这对于心理健康是有益的。玩得好的孩子，心情好，创造力强，又通过玩耍交到朋友，有利于心智的成熟。将玩耍的热情投入学习之后，学习的效率会变得很高。玩不好，或者只学不玩，反而会热情不足，心情不好，导致孩子不太能投入学习，效率低下。

一些父母一味地强调学习，不尊重孩子的童真与乐趣，容易导致孩子压抑和抑郁。这种抑郁既来自愤怒、委屈的累积，也来自他们对自我长久的迷失。杀人犯药家鑫其实是一个长期不快乐的孩子，在强势的父亲面前，他根本没有反抗之力。很早的时候，药加鑫就有自杀的想法，所以他杀人从某种意义来说也是一种自杀，他要通过这种方式报复父母，结束压抑的生活。

有些焦虑的父母对孩子的管控很多，他们会不顾一切地满足孩子的生理和心理需要，生怕自己的错误带给孩子伤害，因此总是过度地关注孩子。对孩子过度地关注，剥夺了孩子独立的需要。这些孩子最大的渴望，是母亲能够给他们一些自我的空间。

因此，从任务中撤离，从关系中撤离，从学业压力中撤离，生活和艺术品一样需要留白。在现实压力与自我空间中得到一种动态的平衡，是必要的。在心理咨询的过程中，咨询师有时候不需要说太多的话，短暂的沉默能够让彼此放松下来，探索出更有价值的内容。人与人的关系并不需要太多的互动或关注，要学会停下来，允许对方在自己的状态中，尊重对方和你不一样的状态。在健康的心理状态中，超我也需要给自己留出一些空间，让自我得以休养生息。

如果有活动可以让人暂时忘记现实的压力，进入另一种轻松的状态，一定会被很多人喜欢。一个年轻的大学教师每天要面对繁重的科研压力，苦不堪言，她感觉最好的是每周一次的心理咨询，以及每周末的户外活动。我在学校里开设了"正念减压"班，在这里，我们一起观呼吸、行走、讨论，没有对错，没有评价，有的只是练习、体验、觉察和分享。那些被学业和工作压得喘不过气来的同学，可以在这样一个宁静、平等、交流的空间得到身心的休整。

最后介绍一下正念练习，我觉得正念是一种更为彻底地从现实中撤离的方式，可以给自己心灵滋养的空间。正念练习可以培养出一种分离的能力，即从想法、情绪、事件、回忆中跳出来，专注于简单的感觉，如呼吸的感觉、行走的感觉、躯体的感觉等。如果一个人能够专注于简单的感觉，便真正从现实中撤离了出来，和感觉在一起，去体验轻松与宁静。

在正念练习中，把注意力放在你的呼吸上，关注呼吸时气息流经鼻腔的感觉。在上嘴唇的部位、鼻腔的内侧，或者鼻腔与嘴唇交界的部位，你会体验到一些细微的感觉，你就把注意力放在这些感觉上。过不了多久，想法、回忆、想象、事件、情绪等都或重或轻地出现，你的思绪就被带走了。过了一会儿，你意识到你被带走了，此时重要的是，放下这些分心的念头，重新回到对呼吸的关注上。每一次对分心的放下，每一次回归自己的呼吸，都是在培养一种分离的习惯。事件仅仅是事件，想法仅仅是想法，情绪仅仅是情绪，你从中跳脱出来，不和它们有太多的纠缠，只是观察它们，而不是卷入其中。

玩耍、幻想、发呆、小说、电影、旅行、闲聊、正念、瑜伽……找到适合你从现实中撤离的方式，会让你更能感受到生活的快乐。当然，如果你过多地从现实中撤离，进入游戏或幻想的世界，失去了与现实的平衡，可能导致明显的抑郁情绪，并对现实任务缺乏成就感与意义感，这是需要调适的心理状态，本文就不展开了。

逐步完成社会认同

人是被抛到这个世界来的，这并不出于主观意志。面对这种无助和非自愿的情景，生存的本能使每个人被迫去适应。对于孩子来说，他们要适应父母和家庭，之后还要适应学校的生活。对于成年人来说，要适应这个社会。在这个过程中，个人意志总是那么虚弱，集体的意志（通过制度、习俗、规范、道德等）时刻加在一个人身上。个人接受集体的意志，让集体意志变为个人意志的内容，这是一种社会认同，但这种社会认同不能轻松地完成，甚至有的人完全不能完成。

个人意志与社会意志之间的关系，可以简单分为几种。第一种是你完全地抛弃它，过自己想过的生活，代价往往是生存的困境。无政府主义者可以归为这类人，他们的基本立场是反对包括政府在内的一切统治和权威，过度关注个体的自由和平等。第二种是无条件的认同，完全接受社会的意志。心理学家弗洛姆以"权威主义人格"来形容这些人，权威主义人格者所具有的良知起源于权力的命令和禁忌而非内在人性，他们往往无条件地服从权威，没有独立的意志。第三种处于中间的状态，他们不得不接受社会规则的约束，渴望摆脱它又摆脱不了，他们很有限地认同社会规则，这种认同更多的是基于社会适应的要求，但主观上对这些规则采取抵制和怀疑的态度。这些人往往对社会充满怨言，并把政府作为攻击的对象。第四种比较健康的状态是有选择地认同社会规则，但又保持相对的独立性，使个人意志与社会意志和谐相处，对社会规则采取认同和理解的态度。

一个人的社会认同情况，与他的成长环境有关，因为社会便是抽象化的父母。父母与孩子之间，既有爱和关怀的一面，又有斗争和控制的一面。如果孩子与父母之间斗争的一面占主导地位，那么在他们成年之后，与社会的关系往往也是对立的，拒绝社会认同，甚至采取反认同的态度，即挑战和破坏现有的规则和体系。

如果孩子与父母之间是完全服从的态度，那些专制的父母（施虐狂人格者）往往会培养出具有受虐倾向的孩子，这样的孩子成长之后可能无条件地认同社会规则，他们不会对社会规则怀疑或不满，而是自动地成为社会规则的卫道士。如果孩子与父母之间既有对立斗争的一面，又有和谐与爱的一面，且后者占主导地位，父母尊重孩子，孩子对父母的要求采取合作的态度，会遵守父母大部分的规则和约束，并将这些规则内化为自己的一部分。这样的人是比较健康的人，既能适应社会，又有独立的意志。更多的人与父母的关系爱恨交织，导致他们与社会的关系，既不是完全的对立，也不是完全的认同，处于矛盾的状态。

在学生中，社会认同的情况也会有不同的表现。一种学生鄙视校纪校规，鄙视老师，往往会采取各种方式逃课，抄作业，沉溺于网络游戏等。当社会处于变故状态时，这些人往往会跳出来，成为社会改革的激进派。另一些学生完全没有这种困惑，他们早早地接受了社会的规则，会逃避面对那些让他们疑惑或动摇的情景。这样的人即使在青春期，也不会经历一个特别叛逆的过程。这些人往往是社会政治中的保守派。比较健康的是通过一定程度的叛逆之后，逐渐理解和接受社会的规则，并适当地保持独立的意志，有选择地吸收社会规则，最终完成自我同一性的达成。这样的大学生往往有明确的目标，会把自己的心力投注于社会现实中，对社会规则采取理解、合作的态度。

那些经常困惑为什么要学习、为什么要工作等问题的年轻人，反映出他们社会认同未完成的状态，他们对于社会安排的角色和定位采取抵制或怀疑的态度。他们通过努力地思考这些问题，试图在社会中找到自己的定位和方向，为自己的人生赋予意义，因此处于完成社会认同的过程中。

社会认同的过程需要有一定的人生阅历才能逐渐完成。当一个人有一定的人生阅历之后，会用新的眼光来看待自己的父母，对社会规则也会有新的认识。当他们完成社会认同之后，他们不再一味地对社会规则采取抵制的态度，而是能够理解社会规则存在的必要性，接受社会规则固有的缺陷。社会认同没有完成时，有些人会因此自暴自弃并产生消极厌世的想法，此时，他们需要的是耐心和毅力，遵循现实原则，带着问题做该做的事情，等待社会认同完成的到来。

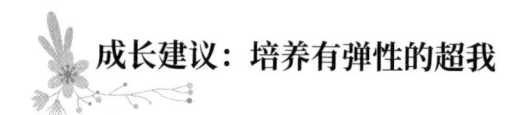

成长建议：培养有弹性的超我

从心理健康层面来说，最健康的是自我主导型的人，这种人的自我处于统摄地位，能够很好地协调好现实、本我和超我之间的关系，既不会完全以本我的满足为中心，不顾现实环境或超我的反对，又不会完全被超我所压制，不去适当地满足本我的需要。关注自我成长或寻求心理帮助的人往往是超我主导型的人，他们有过于苛刻的超我，本我的愿望经常被压抑，自我也经常受到超我的否定与贬低，从而形成了僵化、迂腐、缺乏活力的性格。人格成长的关键是缓解苛刻僵化的超我的影响。增强自我的功能，可以从三个方面来改善。

第一，是在心理咨询过程中谈谈幼时对自己有影响的生活事件，体验和理解那些情感，认识到这件事情对个体信念、行为、态度方面的影响（他们往往会有一些奇怪的伦理教条）。这个过程能够缓解内在的张力，让压抑的情感得以释放，逐渐改变超我过于严厉的情况。不过，苛刻的超我往往会阻碍这个过程的发生，在心理咨询中表现为阻抗，如不能说，说不出来，或者非常理性地说等。由于潜在的内疚和罪恶感，有时候随着心理治疗的进行，情况反而会越来越差，这被称为"负性治疗反应"。所以，往往需要较长时间的等待与耐心，直到来访者能够打开自己，放下诸多非理性的信念。

第二，要认识到苛刻超我在现实生活中的存在，增强对自身态度、行为的觉察，这相当于一种自我分析。比如一个人认识到在人群中紧张，是因为怕自己不够坦诚，而这来源于"对所有人都应该坦诚"的教条。当他意识到这个教条的问题所在，就更容易放下它的影响。一些容易焦虑、紧张的人，内心往往会有很多"我应该""我必须"之类的超我要求，这些潜在的信念会在压力情景下闪现，并产生焦虑的反应。当它们被看到、认识和理解之后，焦虑就会减弱。通过正念练习不断地提升对内心变化的敏感度，有助于走出非合理超我的掌控。

第三，超我苛刻的人往往生活也比较僵化，圈子小，接触的人少，有时会愤世嫉俗，由此导致新的关系难以建立，排斥新的生活体验，显得古板守旧。所以，超我僵化的人应该鼓励自己多参加活动，认识新的人，多接触社会。潜移默化间，他人更有弹性的超我会逐渐影响其内在状态，其内在的灵活性就能得到提升。